Zein El Abidine Chamas
Victor Mamane
Yves Fort

Chromophores Azotés Fluorescents : Nouvelle Cascade Pallado-Catalysée

Zein El Abidine Chamas
Victor Mamane
Yves Fort

Chromophores Azotés Fluorescents : Nouvelle Cascade Pallado-Catalysée

Synthèse de nouveaux chromophores hétérocycliques par réaction cascade pallado-catalysée

Presses Académiques Francophones

Impressum / Mentions légales
Bibliografische Information der Deutschen Nationalbibliothek: Die Deutsche Nationalbibliothek verzeichnet diese Publikation in der Deutschen Nationalbibliografie; detaillierte bibliografische Daten sind im Internet über http://dnb.d-nb.de abrufbar.
Alle in diesem Buch genannten Marken und Produktnamen unterliegen warenzeichen-, marken- oder patentrechtlichem Schutz bzw. sind Warenzeichen oder eingetragene Warenzeichen der jeweiligen Inhaber. Die Wiedergabe von Marken, Produktnamen, Gebrauchsnamen, Handelsnamen, Warenbezeichnungen u.s.w. in diesem Werk berechtigt auch ohne besondere Kennzeichnung nicht zu der Annahme, dass solche Namen im Sinne der Warenzeichen- und Markenschutzgesetzgebung als frei zu betrachten wären und daher von jedermann benutzt werden dürften.

Information bibliographique publiée par la Deutsche Nationalbibliothek: La Deutsche Nationalbibliothek inscrit cette publication à la Deutsche Nationalbibliografie; des données bibliographiques détaillées sont disponibles sur internet à l'adresse http://dnb.d-nb.de.
Toutes marques et noms de produits mentionnés dans ce livre demeurent sous la protection des marques, des marques déposées et des brevets, et sont des marques ou des marques déposées de leurs détenteurs respectifs. L'utilisation des marques, noms de produits, noms communs, noms commerciaux, descriptions de produits, etc, même sans qu'ils soient mentionnés de façon particulière dans ce livre ne signifie en aucune façon que ces noms peuvent être utilisés sans restriction à l'égard de la législation pour la protection des marques et des marques déposées et pourraient donc être utilisés par quiconque.

Coverbild / Photo de couverture: www.ingimage.com

Verlag / Editeur:
Presses Académiques Francophones
ist ein Imprint der / est une marque déposée de
OmniScriptum GmbH & Co. KG
Heinrich-Böcking-Str. 6-8, 66121 Saarbrücken, Deutschland / Allemagne
Email: info@presses-academiques.com

Herstellung: siehe letzte Seite /
Impression: voir la dernière page
ISBN: 978-3-8381-4869-4

Zugl. / Agréé par: Nancy, Université de Lorraine, 2012

Copyright / Droit d'auteur © 2014 OmniScriptum GmbH & Co. KG
Alle Rechte vorbehalten. / Tous droits réservés. Saarbrücken 2014

Table des matières

Introduction générale .... - 1 -

Chapitre I : Etat de l'art .... - 5 -

A] Réactions cascade en chimie hétérocyclique .... - 5 -
1- Rappels généraux sur le couplage de Suzuki-Miyaura .... - 7 -
1.1- Addition oxydante .... - 8 -
1.2- Échange d'anion .... - 10 -
1.3- Transmétallation .... - 10 -
1.4- Élimination réductrice .... - 11 -
1.5- Importance du ligand dans le système catalytique .... - 11 -
2- Réactions cascade et multicomposants .... - 12 -
2.1- Polyhétérocycles par réactions cascade pallado-catalysées .... - 12 -
2.2- Autres réactions cascade .... - 20 -

B]- Fluorescence moléculaire .... - 27 -
1- Introduction à la fluorescence .... - 27 -
2- Les fluorophores .... - 29 -
2.1- Caractéristiques d'un fluorophore .... - 29 -
2.2- Fluorophores : applications de la fluorescence moléculaire .... - 31 -

Chapitre II : Synthèse de chromophores polyhétérocycliques par réaction cascade .... - 37 -

1- Nouvelles méthodologies en synthèse hétérocyclique : de la pyridine vers des systèmes polycycliques ..... - 37 -
1.1- Synthèse de ferrocéno- et benzo-(iso)quinoléines .... - 37 -
1.2- Synthèse de Pyrido[2,1-*a*]isoindolones par réaction cascade ... - 39 -
1.3- Préparation de chromophores hétérocycliques par réaction cascade ...... - 40 -
2- Synthèse du pentacycle fluorescent .... - 45 -
3- Effet des halogènes sur la réactivité de la pyridine .... - 49 -
4- Conclusion .... - 51 -

Chapitre III : Etude mécanistique et optimisation de la réaction .... - 53 -
1- Étude du mécanisme de la réaction .... - 53 -
1.1- Etude de l'intermédiaire **80** .... - 54 -
1.2- Essais de synthèse du *bis*-aldéhyde **A** .... - 55 -
1.3- Explication de la première cyclisation .... - 60 -
1.4- Etude expérimentale et théorique de la deuxième cyclisation du processus ...... - 62 -
1.5- Mécanisme proposé pour la réaction cascade .... - 66 -
2 - Optimisation de la réaction .... - 67 -
3- Conclusion .... - 70 -

Chapitre IV : Modulation fonctionnelle du chromophore pentacyclique ...... - 73 -
1- Modifications apportées en position 4 de la pyridine: Synthèse de fluopen-4-substitués ...... - 73 -
1.1- Préparation des pyridines 4-substituées .... - 74 -
1.2- Synthèse de fluopen-4-substitués en one-pot .... - 76 -
2- Modifications apportées en position 6 de la pyridine: Synthèse de fluopen-6-substitués ...... - 78 -
2.1- Préparation des pyridines 6-substituées .... - 79 -
2.2- Synthèse one-pot de fluopen-6-substitués .... - 79 -

I

3 - Modifications fonctionnelles sur les cycles benzéniques latéraux du fluopen ....- 82 -
3.1- Préparation des acides boroniques *para* ou *meta* substitués ....- 82 -
3.2- Synthèse de fluopens symétriques ....- 89 -
4- Synthèse multi-étapes de fluopens dissymétriques ....- 91 -
4.1- Synthèse de l'intermédiaire pyridinylbenzaldehyde **198** ....- 92 -
4.2- Synthèse de fluopens dissymétriques à partir des pyridinylbenzaldéhydes ....- 94 -
4.3- Modifications de l'électrophile interne : accès à de nouveaux fluopens.......................................- 96 -
5- Conclusion ....- 102 -

Chapitre V : Applications des chromophores ....- 105 -

1- Fluorescence ....- 105 -
1.1-Méthode de mesure ....- 106 -
1.2- Effet de substitution en position 4 ....- 106 -
1.3- Effet de substitution en position 6 ....- 107 -
1.4- Effet de substitution latérale « symétrique »...- 108 -
1.5- Effet de substitution latérale « dissymétrique » ....- 109 -
1.6- Propriétés photophysiques des fluopens : Importance de la position du groupement MeO.....- 111 -
2- Activités biologiques des fluopens ....- 117 -
2.1- Activité antibactérienne ....- 117 -
2.2- Activité anti-cancéreuse ....- 121 -

Conclusion générale et perspectives ....- 125 -

Partie expérimentale ....- 131 -

Références..- 193 -

Introduction générale

La synthèse efficace et sélective de polyhétérocycles azotés (aza- ou N-hétérocyles) est d'une importance fondamentale en raison de leur présence dans de nombreux produits naturels. L'azote confère à ces composés des activités biologiques intéressantes, ce qui a encouragé les chimistes organiciens non seulement à développer des synthèses efficaces de cibles connues, mais également à générer des analogues ou de nouvelles structures comme médicaments potentiels. Par exemple, les alcaloïdes tels que le γ-lycorane,[1] la strychnine,[2] la campthotécine[3] et l'haouamine A[4] ont attiré une attention considérable depuis de longues années aussi bien d'un point de vue synthétique que pour leurs activités biologiques (Figure 1). Le développement de nouvelles méthodologies pour la synthèse d'aza-polyhétérocycles représente donc une thématique importante en chimie organique et médicinale.

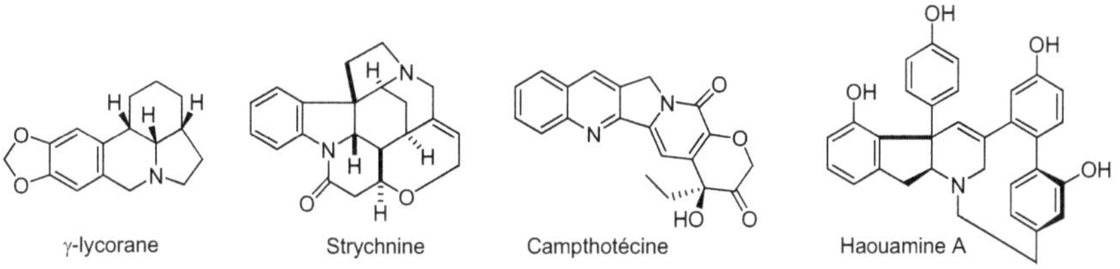

Figure 1

D'autre part, les composés aza-polyhétérocycliques possèdent de nombreuses applications en sciences des matériaux.[5] Par exemple, les indolizino [3,4,5-*ab*]isoindoles,[6] les dipyrrinones[7] ou les dihydropyrrolo[3,4-*b*]indolizin-3-one[8] ont été décrits comme des systèmes hétérocycliques hautement fluorescents (Figure 2). En plus de l'intérêt que représentent les petites molécules fluorescentes à l'interface chimie-biologie (marqueurs

---

[1] McNulty, J.; Nair, J. J.; Bastida, J.; Pandey, S.; Griffin, C. *Phytochemistry* **2009**, *70*, 913.
[2] Bonjoch, J; Solé, D. *Chem. Rev.* **2000**, *100*, 3455.
[3] Venditto, V. J.; Simanek, E. E. *Mol. Pharm.* **2010**, *7*, 307.
[4] Garrido, L.; Zubia, E.; Ortega, M. J.; Salva, J. *J. Org. Chem.* **2003**, *68*, 293.
[5] Müller, T. J. J.; D'Souza, D. M. *Pure Appl. Chem.* **2008**, *80*, 609.
[6] Mitsumori, T.; Bendikov, M.; Dautel, O.; Wudl, F.; Sato, H.; Sato, Y. *J. Am. Chem. Soc.* **2004**, *126*, 16793.
[7] Boiadjiev, S. E.; Leightner, D. A. *J. Org. Chem.* **2005**, *70*, 688.
[8] Kim, E; Koh, M.; Lim, B. J.; Park, S. B. *J. Am. Chem. Soc.* **2011**, *133*, 6642.

biomoléculaires, substrats enzymatiques et indicateurs environnementaux) [9], ces composés ont également suscité un vif intérêt pour leur utilisation en tant que diodes électroluminescentes.[10]

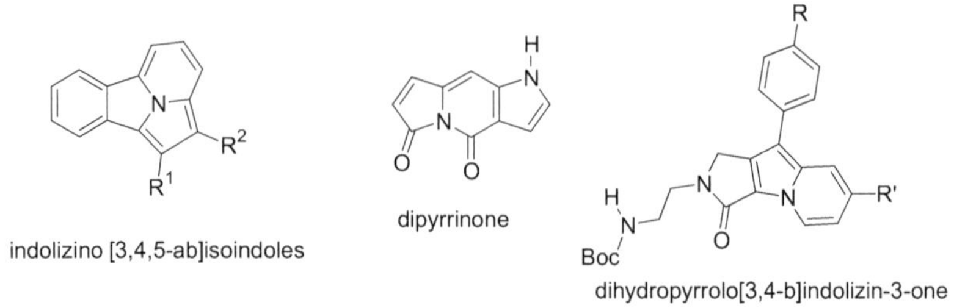

Figure 2

Récemment, lors de travaux au laboratoire sur la synthèse de benzo-(iso)quinoléines, un nouveau chromophore hétérocyclique a été découvert. Il est constitué de cinq cycles accolés et possède de très bonnes propriétés de fluorescence. Le squelette pentacyclique a été obtenu par une réaction cascade one-pot faisant intervenir des substrats simples et faciles d'accès : l'acide 2-formyl boronique et une 2,5-dihalopyridine (Schéma 1). Le processus cascade est initié par un couplage de Suzuki suivi par deux cyclisations successives. La première se fait sur l'azote de la pyridine et la seconde se produit de façon régio-sélective sur le carbone adjacent à l'azote. La régio- et la stéréo-sélectivité de la réaction ont été démontrées par la structure cristalline obtenue par diffraction des rayons X (DRX).

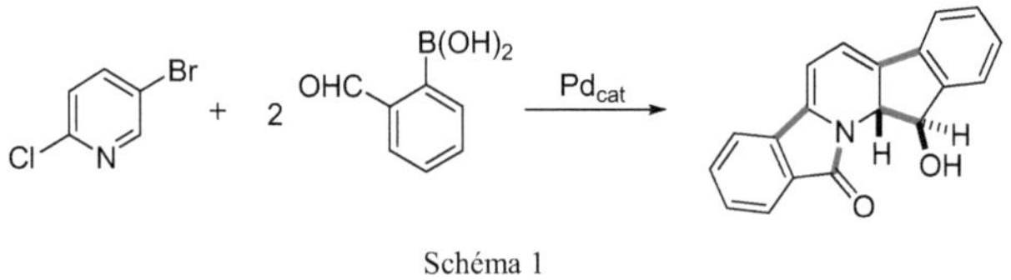

Schéma 1

L'objectif de ce travail de thèse a consisté d'une part, à comprendre le mécanisme de la réaction cascade et d'autre part, à moduler aisément la structure chimique du nouveau chromophore pentacyclique afin de répondre à différents critères (stabilité, solubilité, toxicité, fluorescence élevée et modulable, absorption dans un large domaine du spectre visible,

---

[9] (a) Gonçalves, M. S. T. *Chem. Rev.* **2009**, *109*, 190. (b) Davis, L. D.; Raines, R. T. *ACS Chem. Biol.* **2008**, *3*, 142.
[10] (a) Willardson, R. K.; Weber, E.; Mueller. G.; Sato, Y. *Electroluminescence I, Semiconductors and Semimetals Series*; Academic Press: New York, 1999. (b) Bulovic, V.; Forrest, S. R.; Mueller-Mach, R.; Mueller, G. O.; Leslela, M.; Li, W.; Ritala, M.; Neyts, K. *Electroluminescence II, Semiconductors and Semimetals Series*; Academic Press: New York, 2000.

mobilité électronique…) nécessaires à l'application de ces nouveaux chromophores dans les domaines biologique et des matériaux moléculaires (Figure 3).

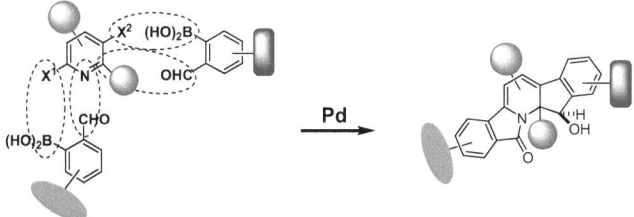

Figure 3

Ce mémoire est présenté en cinq chapitres :

➢ Le premier chapitre présente la bibliographie récente sur la synthèse de composés poly-hétérocycliques par réaction cascade ainsi qu'une brève présentation des bases de la fluorescence moléculaire.
➢ Dans le deuxième chapitre, seront présentées quelques nouvelles méthodologies en synthèse hétérocyclique développées au sein de notre laboratoire puis seront décrits les premiers chromophores pentacycliques obtenus par processus cascade pallado-catalysé.
➢ Dans le troisième chapitre, le mécanisme de cette nouvelle réaction cascade sera étudié et l'optimisation du système catalytique sera réalisée.
➢ Le quatrième chapitre sera consacré à la modulation fonctionnelle du chromophore pentacyclique, des substitutions étant effectuées sur le cycle central contenant l'azote ainsi que sur les deux cycles latéraux.
➢ Le cinquième chapitre présentera les études de fluorescence et les tests biologiques réalisés sur ces chromophores. Excepté les mesures de rendement quantique de fluorescence que nous avons effectué au laboratoire, toutes ces études ont été réalisées en collaboration et seront donc présentées très brièvement.

Chapitre I : Etat de l'art

Dans ce chapitre bibliographique, deux grands thèmes seront abordés : les réactions cascade pour la synthèse d'hétérocycles complexes et la fluorescence moléculaire impliquant notamment des composés hétérocycliques.

Un bref rappel des résultats récents de notre laboratoire concernant la synthèse par réaction cascade ou domino de polyhétérocycles azotés introduira la première partie. Etant donné son importance dans les réactions cascade conduisant à des chromophores pentacycliques, objet du présent travail de thèse, le couplage de Suzuki sera décrit en détail. Des exemples récents de la littérature concernant la synthèse de polyhétérocyles azotés par réactions cascade seront ensuite décrits, un intérêt spécifique étant donné aux réactions pallado-catalysées.

La seconde partie de ce chapitre concernera la fluorescence moléculaire plus particulièrement dans le domaine des hétérocycles. Une brève introduction à la fluorescence permettra de fixer les paramètres importants pour l'étude de fluorophores. Quelques applications en biologie seront abordées, principalement celles en rapport avec l'utilisation de sondes fluorescentes.

A] Réactions cascade en chimie hétérocyclique

Le développement de nouveaux procédés chimiques destinés à produire des structures hétérocycliques élaborées d'une façon domino ou cascade est d'un grand intérêt. Ces processus, dans lesquels idéalement un seul événement déclenche la conversion d'un composé de départ en un produit qui devient alors un substrat pour la réaction suivante et ainsi de suite jusqu'à l'obtention d'un produit final stable, sont hautement souhaitables non seulement en raison de leur élégance, mais aussi pour leur efficacité et l'économie qui en découle en terme de consommation de réactifs et de solvant de purification. Il est à noter que ces processus sont également très souvent associés à une économie d'atomes.

Un examen de la littérature montre que les structures polyhétérocycliques sont de plus en plus présentes dans la chimie organique moderne. L'intérêt grandissant tant dans l'industrie pharmaceutique que dans le domaine des matériaux moléculaires, conduit une grande partie des chimistes organiciens à concevoir de nouvelles méthodes de synthèse ou de fonctionnalisation de ces dérivés. Ces travaux sont complémentaires des méthodes classiques d'extraction ou de purification à partir de sources naturelles et permettent d'élaborer des structures bio-inspirées ou totalement nouvelles.

Dans ce contexte général, la synthèse, l'étude de la réactivité et la fonctionnalisation des hétérocycles aromatiques azotés constituent l'un des principaux domaines de recherche dans l'équipe SOR. Ces composés sont importants dans le sens où ils constituent souvent le noyau de molécules naturelles ou médicamenteuses et peuvent également s'avérer être de bons ligands organiques pour les métaux de transition.[11,12,13]

Le laboratoire a travaillé sur les thiénopyridines,[14] et leurs équivalents oxygénés, les furopyridines.[15] Une synthèse one-pot a été mise au point pour l'un de ces composés, et différentes méthodes de fonctionnalisation pour chacun de ces hétérocycles ont été également élaborées sous forme de boîte à outils de lithiation (Schéma 2).

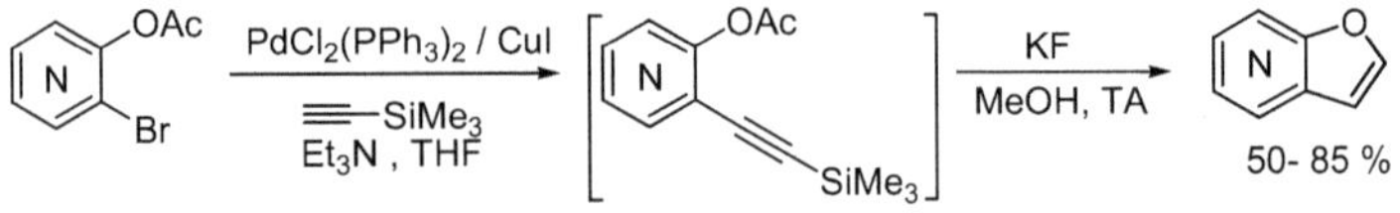

Schéma 2 : Synthèse one-pot d'une furopyridine

Des travaux ont été effectués au laboratoire sur la synthèse de 2,7-diazacarbazoles[16] par une réaction de double *N*-arylation de 4,4'-bipyridines polyhalogénées.[17] Ces derniers sont mis en jeu dans une double réaction de Buchwald-Hartwig[18] avec différentes anilines pour donner les composés tricycliques dans des conditions one-pot et avec un bon rendement (Schéma 3).

---

[11] Grabulosa, A.; Beley, M.; Gros, P. *Eur. J. Inorg. Chem.* **2008**, 1747.
[12] Caramori, S.; Husson, J.; Beley, M.; Bignozzi, C.A.; Argazzi, R.; Gros, P. *Chem. Eur. J.* **2010**, *16*, 2611.
[13] Richeter, S.; Jeandon, C.; Gisselbrecht, J-P.; Ruppert, R.; Callot, H.J. *Inorg. Chem.* **2007**, *49*, 10241.
[14] Comoy, C.; Banaszak, E.; Fort, Y. *Tetrahedron* **2006**, *62*, 6036.
[15] (a) Chartoire, A.; Comoy, C.; Fort, Y. *Tetrahedron* **2008**, *64*, 10867. (b) Chartoire, A.; Comoy, C.; Fort, Y. *J. Org. Chem.* **2010**, *75*, 2227.
[16] (a) Abboud, M.; Aubert, E.; Manane, V. *Beilstein J. Org. Chem,* **2012**, *8,* 253. (b) Abboud, M.; Manane, V.; Aubert, E.; Lecomte, C.; Fort, Y. *J. Org. Chem.* **2010**, *75,* 3224.
[17] Manane, V.; Aubert, E.; Peluso, P.; Cossu, S. *J. Org. Chem.* **2012**, *77*, 2579.
[18] (a) Wolfe, J. P.; Wagaw, S.; Marcoux, J.-L.; Buchwald, S. L. *Acc. Chem. Res.* **1998**, *31*, 805. (b) Hartwig, J. F. *Acc. Chem. Res.* **1998**, *31*, 852.

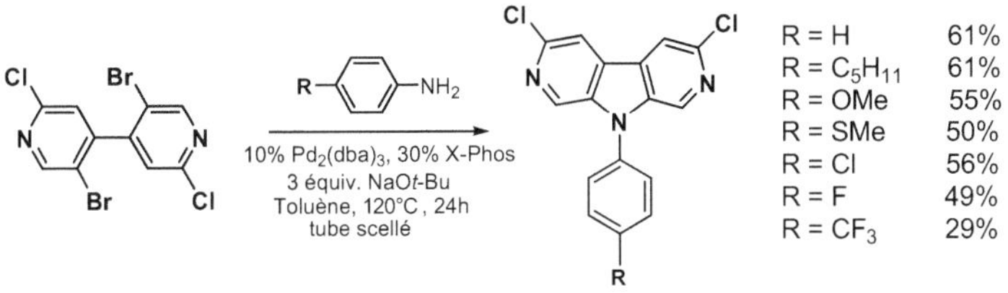

Schéma 3 : Synthèse one-pot de 2,7-diazacarbazoles

R = H	61%
R = C$_5$H$_{11}$	61%
R = OMe	55%
R = SMe	50%
R = Cl	56%
R = F	49%
R = CF$_3$	29%

Comme nous pourrons le voir dans les chapitres suivants, l'ensemble de nos travaux s'inscrit dans la suite logique de ces travaux précurseurs.

1- Rappels généraux sur le couplage de Suzuki-Miyaura

Les réactions de couplages croisés sont devenues les outils les plus importants en chimie organique moderne par la formation de liaisons carbone-carbone jusqu'alors plus difficile permettant ainsi la construction du motif biaryle présent dans plusieurs produits naturels et biologiquement actifs. C'est ainsi qu'en 2010, le prix Nobel de chimie a été décerné à Heck, Negishi et Suzuki pour leurs travaux sur les couplages pallado-catalysés. La réaction la plus utilisée pour la formation de systèmes biaryles depuis quelques années est sans doute le couplage de Suzuki-Miyaura catalysé par le palladium.[19] Cette réaction chimique a été publiée pour la première fois en 1981 par Akira Suzuki et Norio Miyaura.[20] Cette réaction consiste à mettre en jeu des dérivés organo-borylés tels que les acides boroniques ou leurs esters correspondants, avec des halogénures et triflates d'(hétéro)aryle ou de vinyle (Schéma 4). Les composés organo-borylés ont l'avantage de présenter une moindre toxicité, comparé à leurs analogues stannylés, et généralement une plus grande stabilité que leurs analogues zinciques ou magnésiens. La réaction de Suzuki-Miyaura permet ainsi de coupler deux fragments hybridés sp^2 ou sp. Il est à noter que de nouvelles modifications, utilisant des ligands facilitant l'élimination réductrice au détriment de la β-élimination, permettent le couplage d'espèces hybridées sp^3.[21] Ce couplage a depuis lors trouvé de nombreuses applications tant à l'échelle du laboratoire qu'au niveau industriel.

---

[19] Miyaura, N.; Suzuki, A.; *Chem. Rev.* **1995**, *95*, 2457.
[20] Miyaura, N.; Yanagi, T.; Suzuki, A. *Synth. Commun.* **1981**, *11*, 513.
[21] Suzuki, A. *J. Organomet. Chem.* **1999**, *576*, 147.

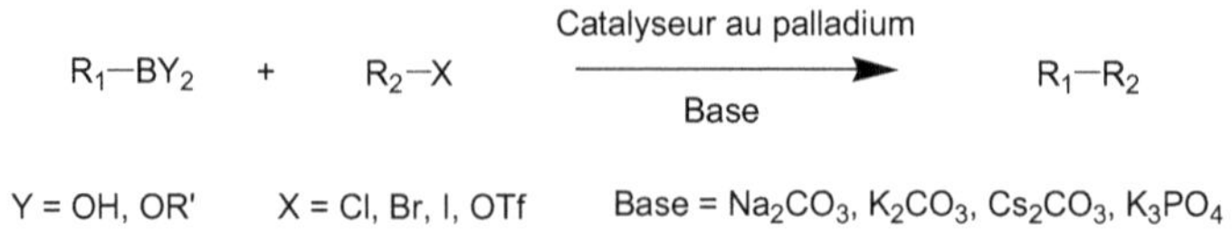

R_1-BY_2 + R_2-X $\xrightarrow[\text{Base}]{\text{Catalyseur au palladium}}$ R_1-R_2

Y = OH, OR'   X = Cl, Br, I, OTf   Base = Na_2CO_3, K_2CO_3, Cs_2CO_3, K_3PO_4

Schéma 4 : Couplage de Suzuki

Le cycle catalytique généralement admis de la réaction de couplage de Suzuki est représenté dans le schéma 5. Il comprend quatre étapes principales : i) une addition oxydante, ii) un échange d'anions, iii) une transmétallation et iv) une élimination réductrice.

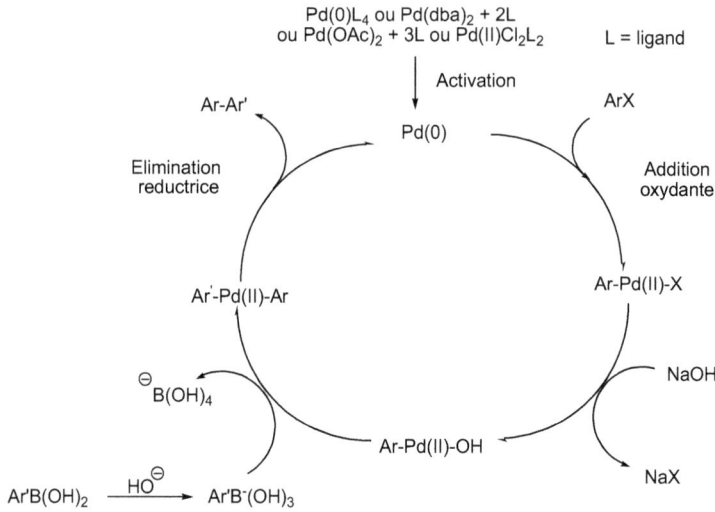

Schéma 5 : Cycle catalytique classique de la réaction de couplage de Suzuki

Des complexes de métal(II) sont bien souvent utilisés comme précurseur catalytique. Leur réduction *in situ* dans le milieu réactionnel génère des complexes de métal(0), espèces catalytiques effectives de la réaction. La spécificité et l'efficacité du catalyseur diffèrent selon la nature du ligand porté par le métal, voire, pour un même ligand, selon la source de métal utilisée. Classiquement, ces réactions sont catalysées par des complexes de palladium. Compte tenu du grand nombre de systèmes décrits dans la littérature, il nous semble utile de rappeler ci-dessous quelques points importants sur les différentes étapes de la réaction.

1.1- Addition oxydante

Les couplages catalysés au palladium commencent par une étape où le palladium(0) réagit avec l'halogénure (ou le triflate) selon une réaction d'addition oxydante. Il a été établi que dans le cas de l'utilisation d'un catalyseur stable tel que Pd(PPh$_3$)$_4$ (18 électrons), l'espèce réactive lors de l'addition oxydante est un complexe faiblement ligandé Pd(0)(PPh$_3$)$_2$ (14 électrons) obtenu après décomplexation successive de deux ligands (Schéma 6).[22]

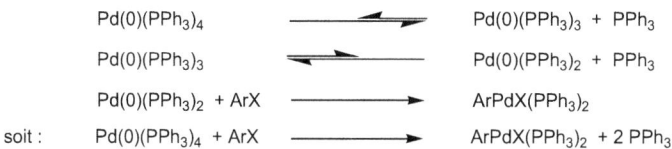

Schéma 6: Mécanisme d'addition oxydante à partir de Pd(PPh$_3$)$_4$

Cependant l'espèce majoritaire en solution est Pd(PPh$_3$)$_3$ et la concentration de l'espèce réactive Pd(0)(PPh$_3$)$_2$ est très faible. Il est donc apparu intéressant d'utiliser différents systèmes catalytiques tels que "Pd(0)(dba)$_2$ + 2 ligands" (dba = dibenzylidèneacétone), "Pd(OAc)$_2$ + 3 ligands" ou "PdCl$_2$(PPh$_3$)$_2$ + réducteur". Dans ce dernier cas, le réducteur peut être un composé organométallique (RMgX, RLi, RZnX…), le réactif nucléophile lui-même ou tout autre réducteur chimique. Cette réduction peut également être effectuée par voie électrochimique. Longtemps, il a été supposé que ces systèmes catalytiques conduisaient à la même espèce catalytique réactive Pd(0)L$_2$. Toutefois les travaux de Amatore et Jutand ont mis en évidence l'intervention d'espèces organométalliques nouvelles dépendant du système catalytique utilisé (par exemple : S=solvant, SPd(0)L$_2$, ou Pd(0)L$_2$Cl$^-$ ou SPd(0)L$_2$(OAc)$^-$).[23] A partir de Pd(0)L$_2$, l'insertion du Pd dans la liaison C-X de l'halogénure génère un complexe *trans*-σ-palladium(II) (Schéma 7).

RX + Pd(0)L$_2$ ⟶ *trans*-L,R-Pd(II)-X,L

Schéma 7: Formation du complexe *trans*-σ-palladium(II) lors de l'addition oxydante

Différents facteurs peuvent influencer la vitesse de la réaction d'addition oxydante, en particulier la nature du groupement X de la molécule R-X. De plus, les halogénures d'aryle ou de vinyle, activés par la présence de groupements électro-attracteurs sont plus réactifs que

---

[22] (a) Fauvarque, J. F.; Pflüger, F.; Troupel, M. *J. Organomet. Chem.* **1979**, *208*, 419. (b) Amatore, C.; Pflüger, F. *Organometallics* **1990**, *9*, 2276.
[23] (a) Amatore, C.; Jutand, A.; M'barki, M. A. *Organometallics* **1992**, *11*, 3009. (b) Amatore, C.; Jutand, A.; Suarez, A. *J. Am. Chem. Soc.* **1993**, *115*, 9531. (c) Amatore, C.; Jutand, A.; Khalil, F.; M'barki, M. A.; Mottier, L. *Organometallics* **1993**, *12*, 3168. (d) Amatore, C.; Jutand, A. *Acc. Chem. Res.* **2000**, *33*, 314.

ceux possédant des groupes électro-donneurs. Le classement des réactivités des halogénures et triflates pour le couplage de Suzuki est le suivant : I>Br>OTf>>Cl.

1.2- Échange d'anion

Les ligands halogénés des complexes R-Pd(II)-X (X = halogène) sont facilement substitués par les anions alkoxy, hydroxy ou acétoxy.[24] Suzuki suggère donc que la base utilisée lors des réactions de couplage sert à générer le complexe R-Pd-OR' sur lequel aura lieu la réaction de transmétallation (Schéma 8).

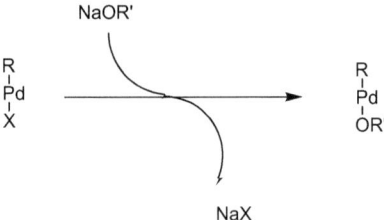

Schéma 8 : Génération d'un complexe R-Pd-OR' par action sur R-Pd-X d'un anion R'O⁻

1.3- Transmétallation

Le mécanisme de la transmétallation dépend du composé organométallique et des conditions réactionnelles mises en œuvre. L'étape de transmétallation peut être assimilée à une réaction de substitution nucléophile ; en effet le composé organométallique M-R' (M = Zn, B, Al, Sn, Si…) réagit avec le complexe R-Pd-X ou R-Pd-OR' puis le groupement organique R'', polarisé δ-, est transféré au palladium par échange avec l'anion X ou OR' (Schéma 9).

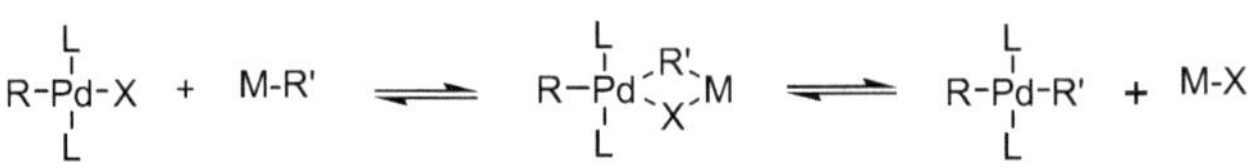

$$\text{R}-\underset{\underset{L}{|}}{\overset{\overset{L}{|}}{Pd}}-X + M-R' \rightleftharpoons \text{R}-\underset{\underset{L}{|}}{\overset{\overset{L}{|}}{Pd}}\genfrac{}{}{0pt}{}{R'}{X}M \rightleftharpoons \text{R}-\underset{\underset{L}{|}}{\overset{\overset{L}{|}}{Pd}}-R' + M-X$$

Schéma 9 : Etape de transmétallation

Toutefois, contrairement aux autres réactions de couplage, dans l'extrême majorité des couplages de Suzuki, la présence d'une base est indispensable. Ces bases sont le plus généralement des carbonates, des phosphates, des hydroxydes ou des alcoolates.

Plusieurs hypothèses ont été avancées pour expliquer le rôle de la base lors du couplage de Suzuki. Il est désormais proposé que les acides boroniques se comportent comme des

---

[24] Blackburn, T. F.; Schwartz, J. *J. Chem. Soc., Chem. Commun.* **1977**, 157.

acides de Lewis avec lesquels une base anionique peut réagir, générant ainsi un "ate-complexe" du bore (Schéma 10). La formation du "ate-complexe" permet d'augmenter le caractère nucléophile du groupe organique lié à l'atome de bore permettant ainsi la transmétallation.

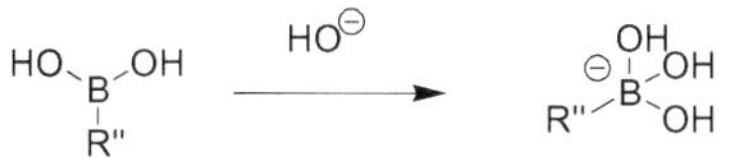

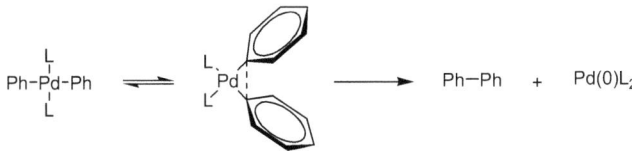

Schéma 10 : Formation du "ate-complexe"

1.4- Élimination réductrice

L'élimination réductrice est l'étape probablement la moins connue dans les réactions de couplage croisée. Cette réaction, formellement inverse de l'addition oxydante, est en effet très souvent un processus rapide lorsqu'il a lieu, ce qui rend difficile son étude. Cette étape correspond à la libération du produit de couplage R"-R et la formation du complexe Pd(0)L$_2$ à partir du complexe R"-PdL$_2$-R formé lors de la transmétallation. La participation des orbitales π des groupes aryles lors de la formation de la nouvelle liaison est proposée pour expliquer la bonne réactivité de ce groupe. Cette réaction se produit après l'isomérisation du complexe *trans* R"-PdL$_2$-R en complexe *cis*. Il est admis que les complexes *cis*-diaryl-palladium(II) éliminent les deux entités organiques à partir du complexe de palladium tétra-coordiné (mécanisme non dissociatif) (schéma 11).

Schéma 11 : Mécanisme non dissociatif lors de l'élimination réductrice de complexes diarylpalladium

1.5- Importance du ligand dans le système catalytique

Dans toutes les étapes du cycle catalytique, on peut aisément constater que les ligands du métal peuvent jouer un rôle essentiel. L'encombrement stérique permettra par exemple de faciliter l'étape d'élimination réductrice par un phénomène de décompression stérique. Les plus grandes améliorations apportées à la méthodologie de Suzuki-Miyaura concernent donc sans doute le développement de nouveaux ligands pour favoriser une étape ou une autre au détriment de réactions secondaires comme la β-élimination ou des réactions de couplage symétrique. En effet, malgré la grande polyvalence du palladium tétrakis-(triphénylphosphine) (Pd(PPh$_3$)$_4$), celui-ci est sensible à l'air et à la lumière et mène souvent à la formation de plusieurs sous-produits indésirables. Afin de faciliter l'addition oxydante sur le palladium (0), des ligands riches en électrons ont été étudiés, particulièrement par les groupes de Fu[25] et Buchwald.[26] Ce dernier a aussi contribué de façon significative à la synthèse de biphényles stériquement encombrés, en développant des ligands phosphines encombrés facilitant l'élimination réductrice (Figure 4).

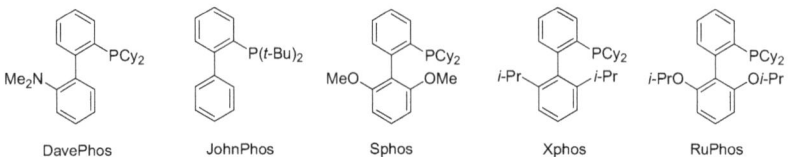

Figure 4: Quelques ligands encombrés décrits par Buchwald

Nous verrons dans la suite de ce manuscrit que le changement de ligand au sein du système catalytique permet dans de nombreux cas d'améliorer de façon sensible l'efficacité de réactions en série hétérocyclique azotée.

2- Réactions cascade et multicomposants

Le développement de nouveaux procédés chimiques destinés à produire des structures hétérocycliques élaborées, de façon écologique est devenu un domaine important de la recherche en chimie organique. La meilleure façon pour réaliser des synthèses rapides est de combiner des réactions multiples séquentielles dans la même transformation chimique. Ces processus séquentiels offrent un large éventail de possibilités pour la construction efficace de molécules très complexes dans une procédure unique, supprimant ainsi la nécessité de plusieurs opérations de purification et permettant des économies de solvants et de réactifs. Ces processus permettent en un seul processus de former plusieurs liaisons dans le même récipient se réfèrent dans la littérature à des réactions domino, en tandem ou en cascade. Lorsque trois composés ou plus sont mélangés au début de la réaction, le terme utilisé est celui de réaction multicomposants.

2.1- Polyhétérocycles par réactions cascade pallado-catalysées

Le palladium possède un rôle important en synthèse organique en raison de la variété des transformations uniques qu'il est capable de catalyser. La large tolérance de groupe

---

[25] (a) Dai, C.; Fu, G. C. *J. Am. Chem. Soc.* **2001**, *123*, 2719. (b) Littke, A. F.; Schwartz, L.; Fu, G. C. *J. Am. Chem. Soc.* **2002**, *124*, 6343.
[26] (a) Yin, J.; Rainka, M. P.; Zhang, X. X.; Buchwald, S. L. *J. Am. Chem. Soc.* **2002**, *124*, 1162. (b) Walker, S. D.; Barder, T. E.; Martinelli, J. R.; Buchwald, S. L. *Angew. Chem. Int. Ed.* **2004**, *43*, 1871. (c) Martin, R.; Buchwald, S. L. *Acc. Chem. Res.* **2008**, *41*, 1461.

fonctionnel et la nature catalytique de la plupart de ces procédés permettent au palladium d'être un support idéal pour l'élaboration de processus cascade. Le nombre de publications concernant les réactions cascade en synthèse hétérocyclique a fortement augmenté au cours de la dernière décennie.[27] Le palladium a trouvé une grande utilité dans ce domaine parce qu'il permet un nombre extraordinaire de réactions très différentes, y compris la formation de liaison carbone-carbone et de liaison carbone-azote. Quelques exemples de contributions récentes pour la synthèse de composés poly-hétérocycliques par des réactions cascades pallado-catalysées sont donnés ci-dessous (Schéma 12).

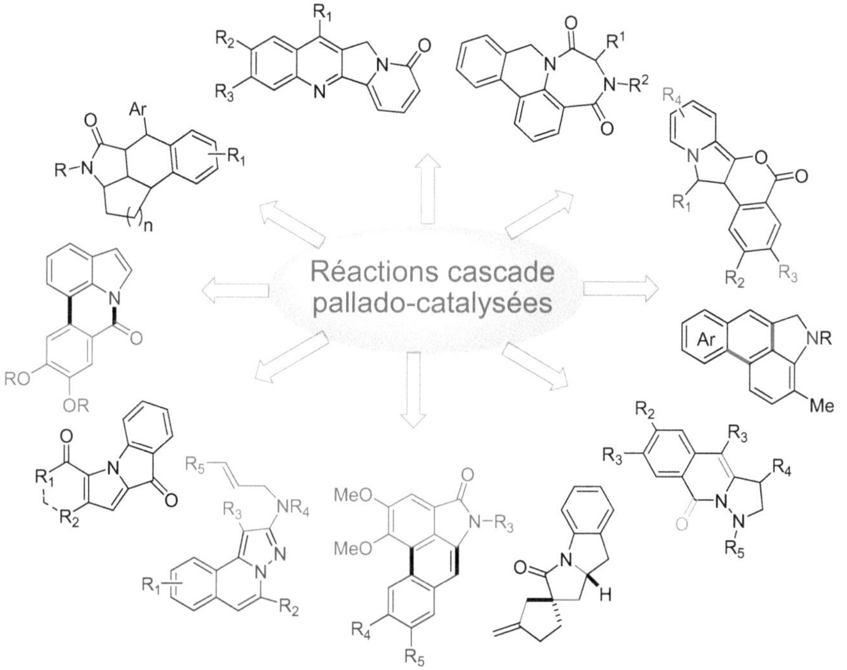

Schéma 12 : Polyhétérocycles préparés par réactions cascade pallado-catalysées

Zhu et *coll.* ont décrit un processus domino impliquant une N-arylation intramoléculaire d'amide/activation CH/formation de la liaison aryle-aryle permettant d'accéder efficacement à des dérivés phénanthridiniques **2** (Schéma 13).[28] Les diamides linéaires **1** ont conduit en présence de Pd(dppf)Cl$_2$ et KOAc dans du DMSO à 120 °C aux composés polycycliques **2**

---

[27] Vlaar, T.; Ruijter, E.; Orru R. V. A. *Adv. Synth.Catal.* **2011**, *353*, 809.
[28] (a) Cuny, G.; Bois-Choussy, M.; Zhu, J. *Angew. Chem. Int. Ed.* **2003**, *42*, 4774. (b) Cuny, G.; Bois-Choussy, M.; Zhu, J. *J. Am. Chem. Soc.* **2004**, *126*, 14475.

avec des rendements bons à élevés. La première étape serait une double addition oxydante de Pd (0) pour conduire à l'intermédiaire **A**. La déprotonation de l'amide secondaire facilite la formation du complexe amido-arylpalladium **B**. L'élimination réductrice du complexe **B** doit fournir **C** avec la formation simultanée de liaison C-N. L'intermédiaire C subit une activation intramoléculaire pour former le palladacycle **D** suivie d'une seconde élimination réductrice pour accéder au composé **2** avec régénération du catalyseur Pd(0)L$_n$.

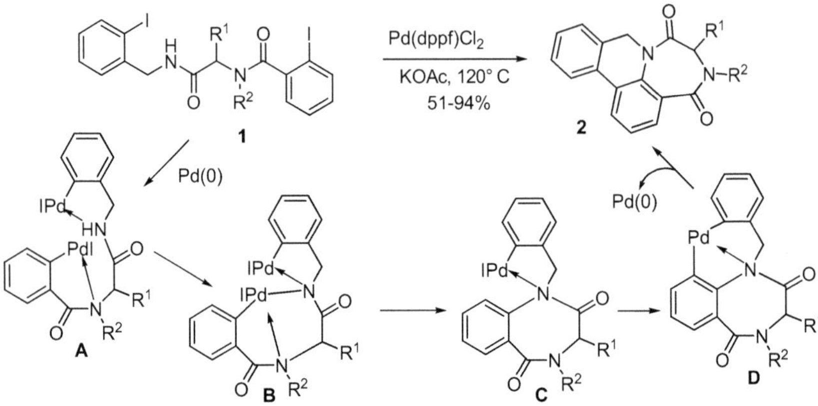

Schéma 13 : Dérivés phénanthridiniques par réaction cascade

Tonder et *coll.* ont décrit la synthèse de deux alcaloïdes par une stratégie tandem: l'hippadine **5** et la pratosine **6**.[29] Cette réaction débute par une borylation puis est suivie par un couplage de Suzuki et se termine par une lactamisation. L'utilisation de 7-bromo-indole **3** comme produit de départ et des esters *o*-bromoaryl **4** comme composés de couplage permet la formation d'hippadine et de pratosine avec des rendements de 74 et 62% respectivement (Schéma 14). La protection de l'azote de l'indole n'a pas été nécessaire ce qui a permis à la lactamisation intramoléculaire de se faire après la réaction de couplage croisé.

---

[29] Mentzel, U. V.; Tanner, D.; Tonder, J. E. *J. Org. Chem.* **2006**, *71*, 5807.

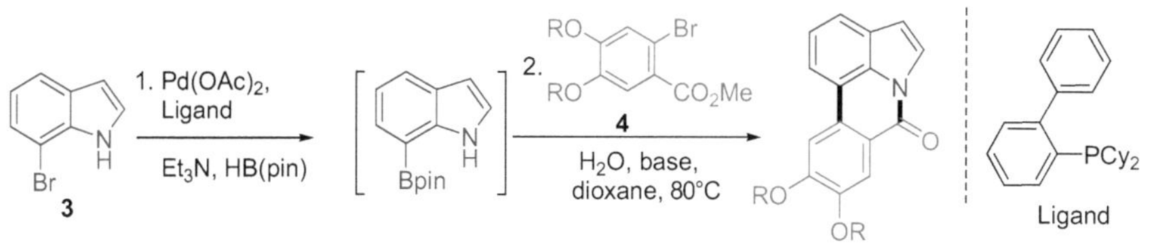

R = —CH_2— **5** (Hippadine)
R = Me **6** (Pratosine)

Schéma 14 : Synthèse par réaction cascade de l'Hippadine et la Pratosine

Kim et *coll.* ont développé une synthèse de phénanthrènes par un processus cascade *via* un couplage de Suzuki suivi par une aldolisation en utilisant une irradiation micro-ondes.[30] Cette stratégie a été utilisée par la suite par les mêmes auteurs pour la synthèse totale d'aristolactames (Schéma 15).[31] En effet, le couplage d'isoindolin-1-ones **7** avec l'acide 2-formyl-phénylboronique **8** a permis de produire efficacement un certain nombre d'aristolactames naturels **9**.

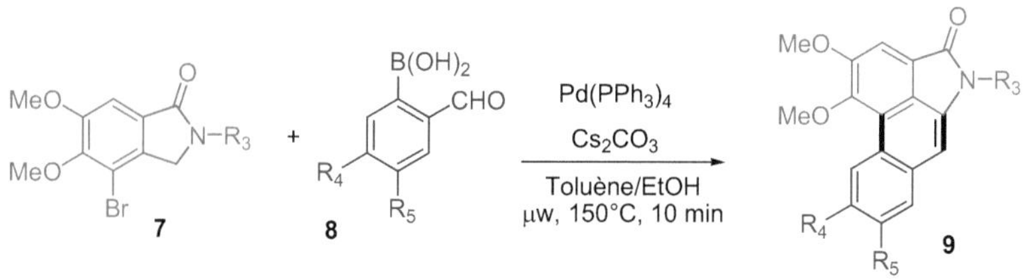

Schéma 15 : Synthèse totale d'aristolactames naturels

Hu et *coll.* ont rapporté une double réaction de Heck entre un diène **10** et un bromure d'aryle, suivie d'une activation de liaison CH pour conduire aux composé tétracycliques **11** avec de bons rendements (Schéma 16).[32]

---

[30] Kim, Y. H.; Lee, H.; Kim, Y. J.; Kim, B. T.; Heo, J.-N. *J. Org. Chem.* **2008**, *73*, 495.
[31] Kim, J. K.; Kim, Y. H.; Nam, H. T.; Kim, B. T.; Heo, J. N. *Org. Lett.* **2008**, *10*, 3543.
[32] Hu, Y.; Ouyang, Y.; Qu, Y.; Hu, Q.; Yao, H. *Chem. Commun.* **2009**, 4575.

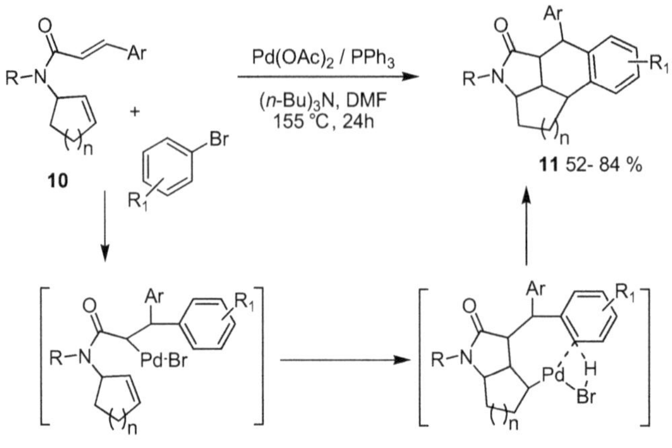

Schéma 16 : Composés tétracycliques par réaction cascade

Une réaction cascade développée par Huang et *coll.* a permis de coupler des 3-iodoénones **12** avec des azido-benzylalcynes **13** pour conduire à des composés tri-et tétra-cycliques **14** (Schéma 17).[33] Des conditions classiques de Sonogashira ont été utilisées, suivies par un traitement acide. Durant cette réaction, deux cycles, une liaison C-C et deux liaisons C-N ont été formés avec de bons rendements. Un mécanisme faisant intervenir différentes espèces a été proposé. D'abord, le produit **A** se forme (réaction de Sonogashira) ensuite, dans de conditions basiques, il subit une isomérisation et donne l'allène doublement conjugué **B**. Puis, une cycloaddition [3 +2] fournit l'intermédiaire triazoline **C**. Par la suite, l'azote est éliminé pour former un biradical délocalisé **D** qui subit un couplage 1,5-biradical régiosélectif pour conduire au composé tétra-cyclique **E**. Enfin, une hydrolyse suivie d'une isomérisation conduit au pyrrole polycyclique **14**.

---

[33] Huang, X.; Zhu, S. G.; Shen, R. W. *Adv. Synth. Catal.* **2009**, *351*, 3118.

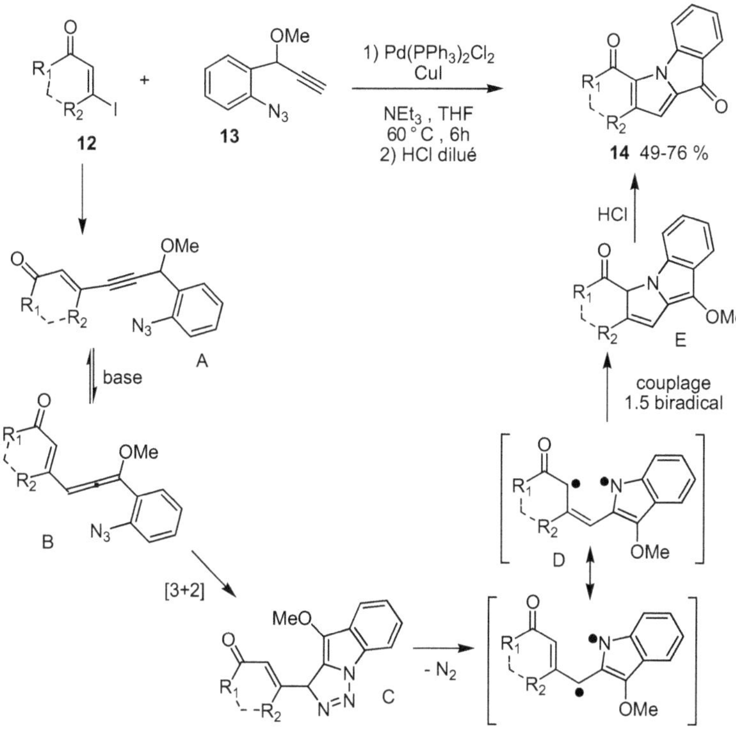

Schéma 17 : Synthèse de pyrroles polycycliques par réaction cascade

Curran et Du ont engagé l'isocyanate **15** aromatique riche en électrons et des 6-iodo-N-propargyl-2-pyridones **16** dans une réaction cascade pallado-catalysé pour accéder à des tétracycles fusionnés **17** avec de bons rendements (Schéma 18).[34] Le mécanisme n'est pas très clair, mais les auteurs proposent dans un premier temps une addition oxydante de l'iodoaryle **16**. Ensuite l'insertion d'isocyanate se produit, suivie par une insertion d'alcyne intramoléculaire pour fournir l'intermédiaire **A**. Enfin, une C-H activation suivie d'une élimination réductrice permet d'obtenir les dérivés de la camptothécine.

---

[34] Curran, D. P.; Du, W. *Org. Lett.* **2002**, *4*, 3215.

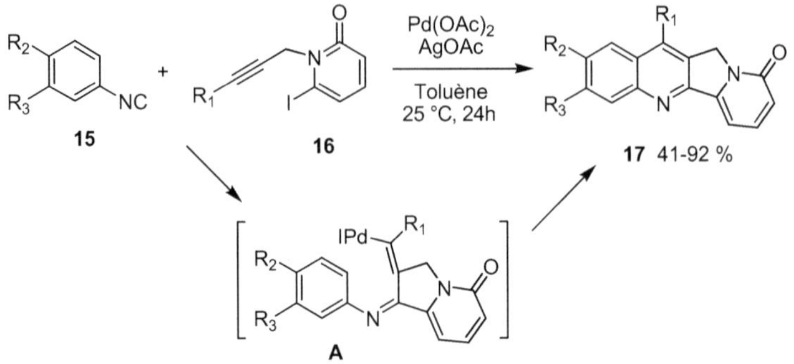

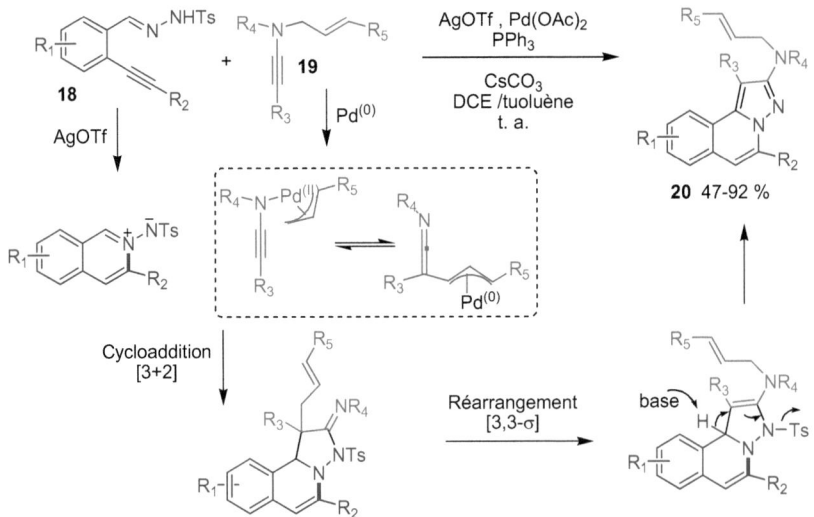

Schéma 18 : Synthèse par réaction cascade de dérivés de la camptothécine

Huang et *coll.* ont décrit une réaction cascade entre des N-(2-alkynylbenzylidène)hydrazides **18** et des N-allyl-ynamides **19**. Cette réaction est co-catalysée par le triflate d'argent et l'acétate de palladium et génère des 2-amino-H-pyrazolo-[5,1-*a*]-isoquinolines **20** avec de bons à excellents rendements (Schéma 19).[35] La transformation se déroule avec une grande efficacité en quatre étapes : cyclisation 6-*endo*, cycloaddition [3 + 2], réarrangement [3,3]-sigmatropique, et aromatisation.

Schéma 19 : 2-Amino-H-pyrazolo-[5,1-*a*]-isoquinolines par réaction cascade

Chernyak et Gevorgyan ont mis au point un processus cascade comprenant une cyclisation et une carbopalladation intramoléculaire pour la formation de tétra- et de penta-

---

[35] Huang, P.; Chen, Z.; Yang, Q.; Peng, Y. *Org. Lett.* **2012**, *14*, 2790.

hétérocycles N-condensés (Schéma 20).[36] Cette transformation est initiée par le palladium via un couplage avec le bromure d'aryle. L'espèce générée permet d'activer l'alcyne interne qui subit une cyclisation intramoléculaire de l'azote pyridinique pour conduire à des pyrrolo-poly-hétérocycles **21** avec des rendements modérés à excellents.[37]

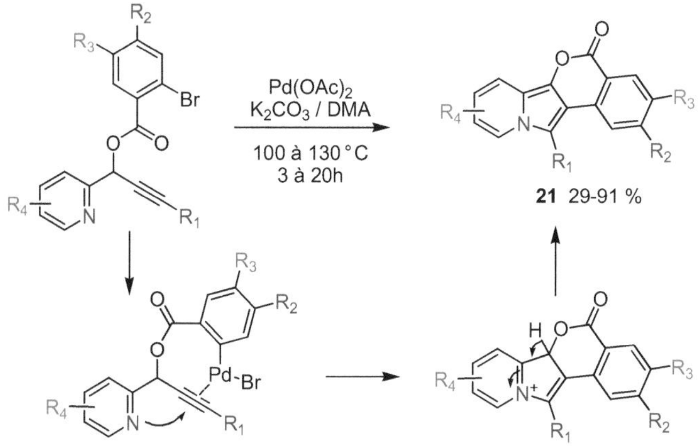

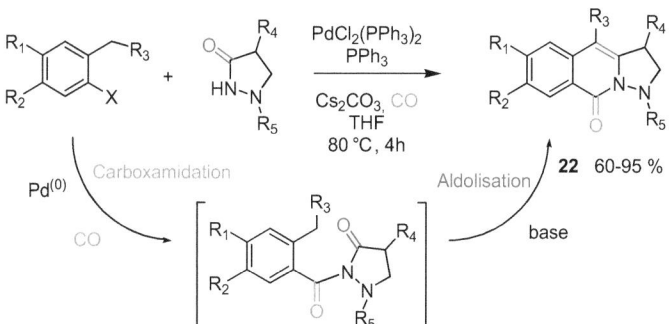

Schéma 20 : Polyhétérocycles par cyclisation intramoléculaire de l'azote pyridinique

Chouhan et Alper ont développé la synthèse de pyrazolo-isoquinolinones **22** par une cascade comprenant une carboxamidation pallado-catalysée qui permet de coupler les trois partenaires de la réaction et une aldolisation pour former le tricycle (Schéma 21).[38]

Schéma 21 : Pyrazolo-isoquinolinones par réaction cascade

Yip et *coll.* ont décrit une réaction cascade oxydative pallado-catalysée (Schéma 22).[39] Le système catalytique (Pd(OAc)$_2$/isoquinoline) a permis de cycliser l'amide insaturé **23** sous

---
[36] Chernyak, D.; Gevorgyan V. *Org. Lett.* **2010**, *12*, 5558.
[37] Seregin, I. V.; Schammel, A. W.; Gevorgyan, V. *Org. Lett.* **2007**, *9*, 3433.
[38] Chouhan, G.; Alper, H. *J. Org. Chem.* **2009**, *74*, 6181.

atmosphère d'oxygène (1 atm) pour fournir le dérivé indolinique **24** avec un rendement de 81 %. Une liaison C-N et deux liaisons C-C ont été formées avec une excellente diastéréosélectivité (24:1).

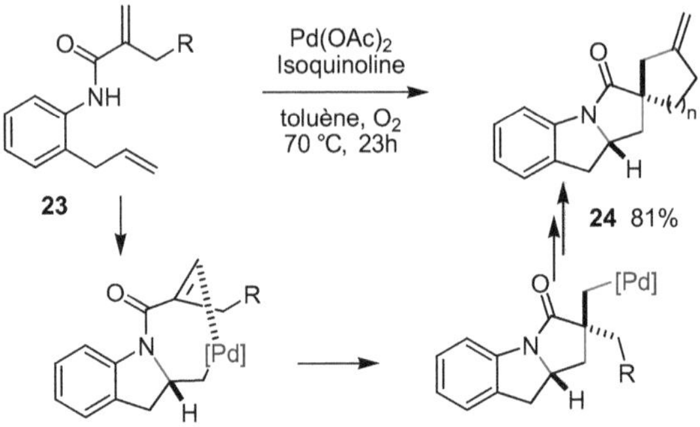

Schéma 22 : Cascade oxydative pallado-catalysée

Ohno et *coll.* ont décrit une synthèse impliquant une cascade de CH alcénylation et arylation en présence de palladium et de Cs_2CO_3 au reflux du dioxane pour conduire à des dérivés condensés tétracycliques **25** (Schéma 23).[40] La réussite de la cascade dépend de l'ordre de la CH activation qui doit avoir lieu dans un ordre séquentiel : l'addition oxydante sur la liaison CX_a doit être préalable à celle sur CX_b. La présence d'un hétéroatome (N) augmente la densité d'électrons du cycle benzénique portant le groupe X_b diminuant ainsi la réactivité du CX_b pour l'addition oxydante.

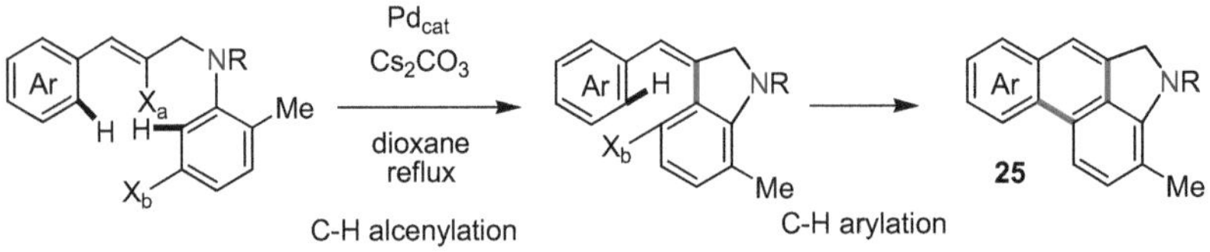

Schéma 23 : Stratégie cascade de CH alcénylation et arylation

2.2- Autres réactions cascade

Des polyhétérocycles de structure similaire aux pentacyles décrits dans ce manuscrit de thèse seront présentés dans cette sous-partie. Ils sont obtenus par réaction cascade en présence ou non d'un catalyseur.[41,42]

---

[39] Yip, K.T.; Zhu, N.Y.; Yang, D. *Org. Lett.* **2009**, 11(9), 1911.
[40] Ohno, H.; Iuchi, M.; Kojima, N.; Yoshimitsu, T.; Fujii, N.; Tanaka, T. *Chem. Eur. J.* **2012**, *18*, 5352.
[41] Nicolaou, K. C.; Edmonds, D. J.; Bulger, P.G. *Angew. Chem. Int. Ed.* **2006**, *45*, 7134.
[42] Anderson, E. A. *Org. Biomol. Chem.* **2011**, *9*, 3997.

Récemment, une large famille de dérivés polycycliques **26** indoliques a été préparée par Xia et *coll.* par une réaction cascade catalysée au cuivre (Schéma 24).[43] Cette réaction a donné accès à deux nouvelles liaisons C-N et C-Y (Y = O, NH, S) et a permis d'accéder aux tétrahétérocycles **26** à partir de dérivés *o*-gem-dibromovinyl avec d'excellents rendements.

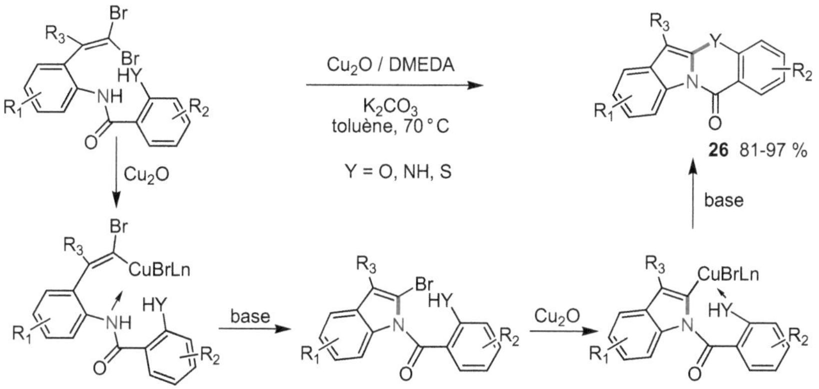

Schéma 24 : Dérivés polycycliques indoliques

Nakamura et *coll.* ont développé une cascade catalysée au platine pour la cyclisation/déhydroalcoxylation via un clivage de liaison N-O, ce qui conduit aux composés tétracycliques **27** avec de bons rendements (Schéma 25).[44] L'alcyne, complexé par le platine, subit une attaque nucléophile par l'azote pour conduire au complexe de vinylplatine qui après élimination du groupe alcoxy génère une espèce carbénoïde. La liaison C-H en ortho du phényl porté par l'imine s'insère ensuite sur le carbénoïde de Pt et une déprotonation conclut le cycle catalytique pour conduire aux polyhétérocycles **27**.

---

[43] Xia, Z.; Wang, K.; Zheng, J.; Ma, Z.; Jiang, Z.; Wang, X.; Lv, X. *Org. Biomol. Chem.* **2012**, *10*, 1602.
[44] Nakamura, I.; Sato, Y.; Terada, M. *J. Am Chem. Soc.* **2009**, *131*, 4198

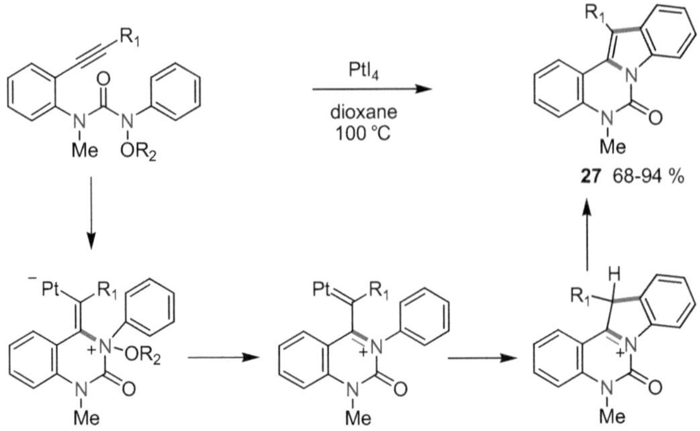

Schéma 25 : Composés tétracycliques par catalyse au platine

Un exemple récent d'une polycyclisation cascade catalysée par l'argent(I) a été développé par Waldmann et *coll.* (Schéma 26).[45] Une condensation entre un aldéhyde **28** et une amine **29** forme l'imine **30** où les fonctions sont bien positionnées pour subir la double cyclisation intramoléculaire. La première cyclisation initiée par l'argent entre l'imine et l'alcyne conduit au pyridinium **31** qui, après protodémétallation, subit la seconde cyclisation par l'anion du malonate. Une réaromatisation donne finalement l'indolylpyridine pentacyclique **32** avec un rendement de 91%.

---

[45] Waldmann, H.; Eberhardt, L.; Wittstein K.; Kumar, K. *Chem. Commun.* **2010**, *46*, 4622.

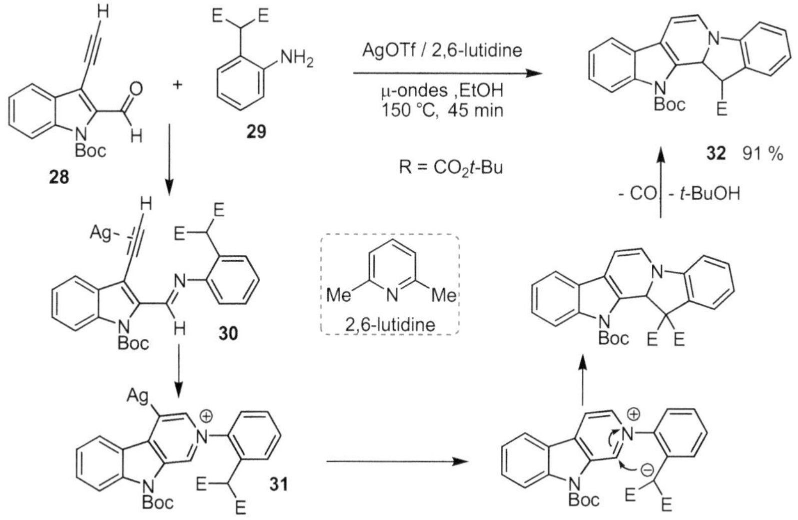

Schéma 26 : Polycyclisation cascade catalysée par l'argent

Guggenheim et *coll.* ont développé une cascade, one-pot, en deux étapes pour accéder à des analogues de benzodiazepines **33** (Schéma 27).[46]

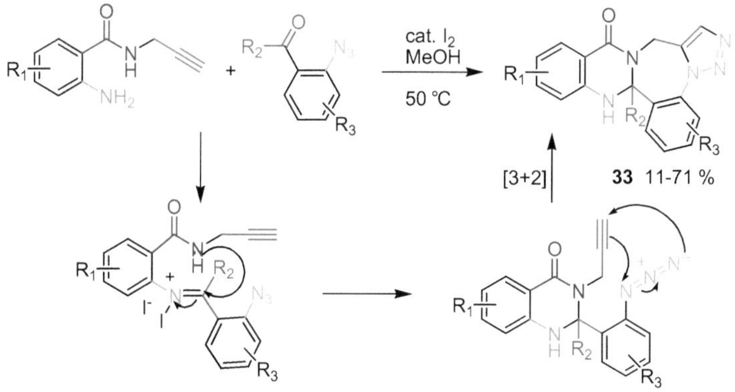

Schéma 27 : Analogues pentacycliques de benzodiazepines

Cette réaction engage cinq centres réactifs (un amide, une amine, un carbonyle, un azoture, et un alcyne) et utilise l'iode comme catalyseur. La séquence réactionnelle comporte une condensation entre l'aniline et le carbonyle pour former une imine, une addition de

---

[46] Guggenheim, K. G.; Toru, H.; Kurth, M. J. *Org. Lett.* **2012**, **DOI:** 10.1021/ol301592z

l'amide sur l'imine et enfin une cycloaddition 1,3-dipolaire (réaction de Huisgen)[47] intramoléculaire entre l'alcyne et l'azoture.

Wen et *coll.* ont développé la synthèse d'une série de dérivés tétracycliques par une cascade comportant :[48] une condensation de Knoevenagel, une réaction aza-ène, une tautomérisation, une cyclocondensation et une intramoléculaire S_NAr (Schéma 28). Dans cette réaction, au moins six différents sites actifs sont impliqués pour accéder aux tétrahétérocycles **34**.

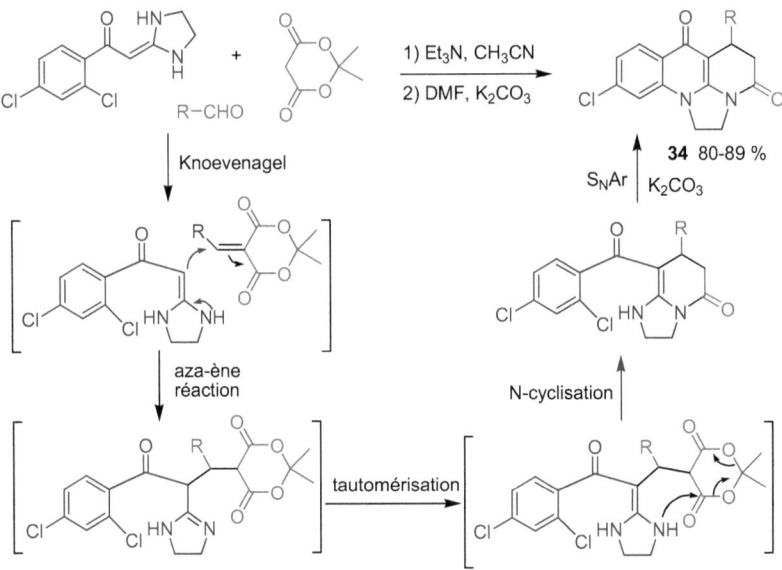

Schéma 28 : Dérivés tétracycliques par réaction cascade

Yu et *coll.* ont développé une cascade catalysée par l'acide acétique d'une série de dérivés imidazopyrroloquinolines substitués **37** par simple reflux du mélange réactionnel d'isatines **35** et de cétènes aminals hétérocycliques **36** (Schéma 29).[49] Après addition des réactifs, la cascade se déclenche et comporte une addition, une tautomérisation et deux cyclisations intramoléculaires.

---

[47] Rostovtsev, V. V.; Green, L. G.; Fokin, V. V.; Sharpless, K. B. *Angew. Chem. Int. Ed.* **2002**, *41*, 2596
[48] Wen, L. R.; Liu, C.; Li, M.; Wang, L. J. *J. Org. Chem.* **2010**, *75*, 7605.
[49] Yu, F.;Yan, S.; Hu, L.; Wang, Y.; Lin, J. *Org. Lett.* **2011**, *13*, 4782.

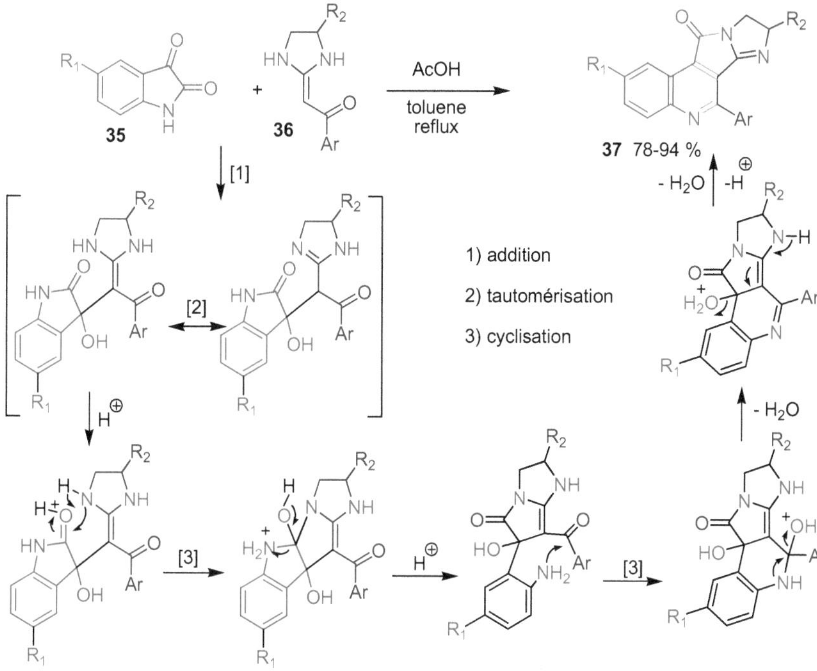

Schéma 29 : Imidazopyrroloquinolines tétracycliques

Huang et Zhang ont développé la synthèse de pyrido[2,1-*a*]isoindoles **41** impliquant une pyridine **38**, une α-bromo-cétone **39**, et un aryltriflate silylé **40** dans une réaction multi-composant (Schéma 30).[50] En effet, l'azote pyridinique attaque l'α-bromo-cétone et après déprotonation par le Na_2CO_3, l'ylure d'azométhine **B** est formé. D'autre part, les ions fluorures génèrent l'aryne **A** à partir du précurseur silylé **40**. Une cycloaddition dipolaire [1,3] a lieu entre l'ylure d'azométhine et l'aryne et permet d'obtenir les pyrido[2,1-*a*]isoindoles souhaitées **41**.

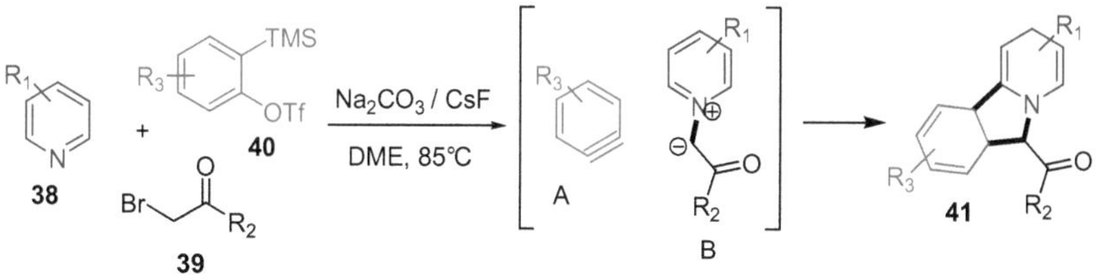

Schéma 30 : Pyrido[2,1-*a*]isoindoles par réaction multi-composants

---

[50] Huang, X.; Zhang, T. *Tetrahedron Lett.* **2009**, *50*, 208.

Yang et *coll.* ont décrit une réaction permettant le couplage entre une 2-alkylpyridine **42** avec un acide carboxylique α,β-insaturés **43**. Une C-H oléfination suivie d'une décarboxylation induite par l'attaque de l'azote pyridinique permettent d'accéder à des indolizines arylés **44** (Schéma 31).[51]

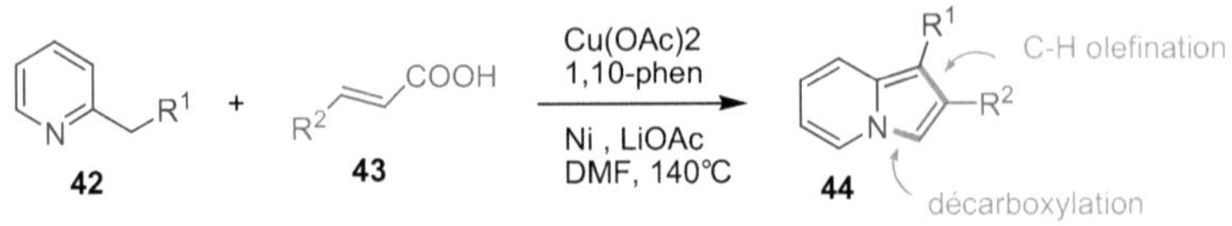

Schéma 31 : Indolizines arylés par réaction cascade

---

[51] Yang, Y.; Chunsong, X.; Yongju X.; Zhang, Y. *Org. Lett.* **2012**, *14*, 957.

B]- Fluorescence moléculaire

1- Introduction à la fluorescence

La luminescence est la propriété que possèdent certains composés d'émettre de la lumière par désexcitation radiative à partir d'un état électroniquement excité. Cet état peut être atteint à partir de sources d'énergie variées et le retour à l'état fondamental, non excité, se fait par émission d'un photon. La nature de la source d'énergie portant le composé à son état excité détermine la classe de luminescence correspondante :

> Chimiluminescence, dans le cas où l'énergie est rapportée par une réaction chimique.
> Bioluminescence, émission de la lumière suite à des réactions enzymatiques.
> Thermoluminescence, dans le cas où l'énergie est rapportée par un phénomène thermique.
> Photoluminescence, après l'absorption d'un ou de plusieurs photons.

La photoluminescence se traduit par l'émission de photons par une molécule qui a été irradiée par un faisceau lumineux généralement dans une gamme de longueur d'onde s'échelonnant du visible à l'ultraviolet. Elle englobe deux processus: la **fluorescence** et la **phosphorescence**, qui dépendent de la nature des états fondamentaux et excités de la molécule considérée.

Les molécules qui se trouvent au repos dans le niveau vibrationnel V_0 de l'état électronique fondamental S_0 se trouvent portées à un état excité S_1 sous l'effet de l'absorption d'un rayonnement lumineux (λex).

Le diagramme de Perrin-Jablonski (Figure 5) permet la visualisation de l'ensemble des processus possibles lors de l'excitation d'une molécule isolée, c'est-à-dire sans interaction avec d'autres molécules, excepté le solvant, à partir de son état fondamental électronique S_0 : absorption, conversion interne, fluorescence, croisement intersystème et phosphorescence. Chaque niveau d'énergie est subdivisé en plusieurs niveaux d'énergie vibrationnelle (V_0, V_1, V_2,..).

Temps caractéristiques : Absorption : 10^{-15} s
Fluorescence : 10^{-10}-10^{-7} s
Phosphorescence : 10^{-6}-1 s
Conversion Interne (CI) : 10^{-12}-10^{-9} s
Croisement Intersystème (CIS) : 10^{-10}-10^{-8} s

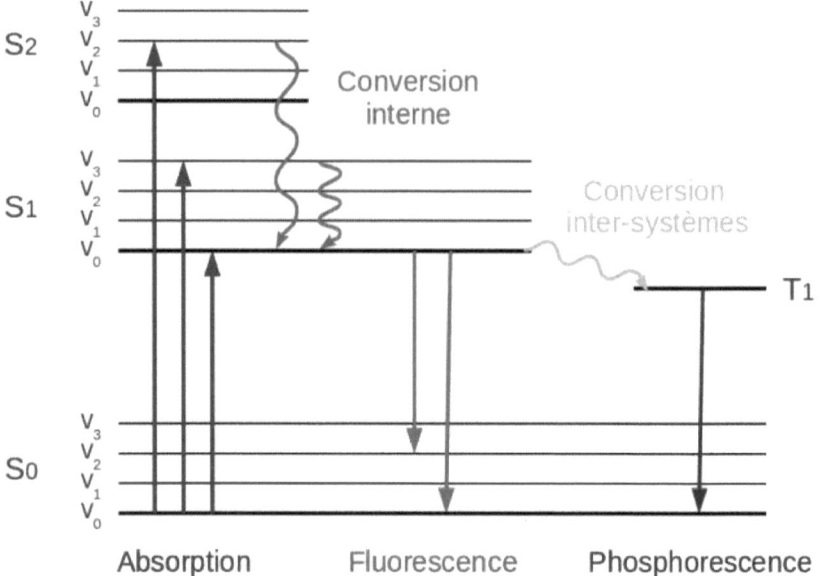

Figure 5 : Diagramme typique de Jablonski

⁕ L'Absorption

Lors de l'excitation, la molécule absorbe un photon et passe de l'état fondamental S_0 à un niveau d'énergie vibrationnel supérieur singulet dit état excité S_1 ou S_2. La différence entre le niveau d'énergie atteint S_xV_y et l'état fondamental S_0V_0 correspond exactement à l'énergie du photon absorbé.

⁕ La fluorescence

La fluorescence a lieu suite à une absorption de lumière, elle est caractérisée par l'émission de photons qui se produit lors des transitions électroniques d'une molécule entre un état excité singulet S_1V_0 vers l'état fondamental singulet S_0V_x (relaxation). L'excitation lumineuse peut être induite par un seul photon (absorption monophotonique) ou par l'interaction simultanée de deux (ou trois) photons dont la somme d'énergie est égale à un photon excitateur pour former un exciton (absorption biphotonique, triphotonique). Le temps nécessaire à l'absorption est immédiat, de l'ordre de 10^{-15} s (fs). La durée de vie moyenne de l'état excité est de l'ordre de 10^{-9} à 10^{-7} s (>ns).

- La phosphorescence

La molécule peut subir une conversion inter-système et passer de l'état singulet S_1 à un état triplet T_1, par inversion du spin de l'électron sur S_1V_0. L'inversion de spin entraînant une relaxation du système, l'état T_1 présente une énergie plus basse que l'état S_1. Un photon peut être émis à partir de T_1. Son énergie sera plus basse que celle d'un photon émis depuis S_1, c'est la phosphorescence. La durée de vie moyenne de phosphorescence va typiquement d'une centaine de microsecondes à quelques secondes.

- La conversion interne (CI)

Après avoir atteint son état excité S_xV_y, l'électron effectue une conversion interne. Il va subir une désexcitation vers S_1V_0 sur un temps de l'ordre 10^{-12} s. Les états d'énergie S1 et S2 sont énergétiquement assez proches, ce qui favorise une conversion interne. L'électron demeure au niveau S_1V_0 pendant un temps de l'ordre de la nanoseconde, ce qui représente un temps relativement long, rapporté aux temps de transitions de l'absorption ou de la CI.

- La conversion externe

Il peut y avoir un transfert d'énergie entre la molécule excitée, avec le solvant ou un autre soluté lorsque ceux-ci entrent en collision. C'est un processus non radiatif.

- Le croisement intersystème (CIS)

Il s'agit d'une transition entre deux états vibrationnels de deux états excités de multiplicité de spin différentes. L'électron passe alors de l'état singulet à l'état triplet. C'est une transition non radiative interdite par la mécanique quantique, mais rendue possible lorsque le couplage spin-orbite est assez fort.

2- Les fluorophores.

Les fluorophores sont des molécules capables d'émettre un photon de longueur d'onde λ consécutivement à l'absorption d'un photon de longueur d'onde λ'. Les fluorophores les plus utilisés comme marqueurs sont représentés dans la Figure 7. Ils sont caractérisés par différents paramètres.

2.1- Caractéristiques d'un fluorophore

- Absorption

La première caractéristique est sa capacité d'absorber un photon incident pour atteindre un état excité. L'efficacité de l'absorption est déterminée par le **coefficient d'extinction**

molaire ε du composé. Il est déterminé à la longueur d'onde maximale du fluorophore. Sa valeur peut constituer un critère pour le choix des sondes. À une intensité lumineuse incidente égale, plus ε est grand, plus élevée sera la fluorescence.

- Emission

L'efficacité de l'émission de lumière fluorescente pour une molécule donnée est déterminée par le **rendement quantique φ**, phi, défini par le rapport entre le nombre de photons de fluorescence émis et le nombre de photons absorbés par la molécule. Les fluorochromes ont des rendements quantiques compris entre 0,05 et 1

$$\phi = \frac{\text{nombre de photons émis}}{\text{nombre de photons absorbés}}$$

- **Brillance**

L'intensité de fluorescence ou "brillance" d'une sonde fluorescente est déterminée par le produit de coefficient d'extinction molaire et du rendement quantique.

$$B = \varepsilon \times \phi$$

C'est un paramètre simple qui permet d'effectuer des comparaisons entre plusieurs molécules fluorescentes. Du point de vue de l'intensité du signal, il est généralement reconnu qu'une brillance au moins égale à 10^4 $M^{-1}.cm^{-1}$ est nécessaire pour que la sonde soit utilisée dans le domaine biologique.

- **Déplacement de Stokes**

La différence entre λ_{max} d'excitation et λ_{max} d'émission s'appelle le **déplacement de Stokes** (ou *Stokes Shift*) (Figure 6). Un large déplacement de Stockes permet d'éviter que la fluorescence émise ne soit réabsorbée par la molécule elle-même.

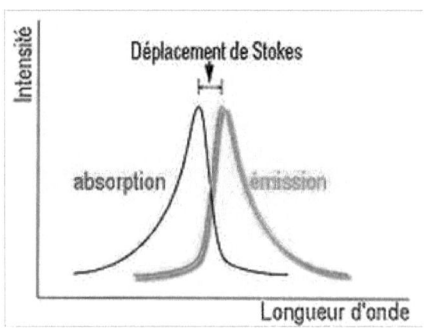

Figure 6 : Distance entre λ_{max} d'excitation et λ_{max} d'émission (Stokes Shift)

◆ **La durée de vie de fluorescence**

Une autre caractéristique importante d'une molécule fluorescente est le **temps de déclin**, ou **durée de vie de fluorescence, τ_f** (tau). Elle correspond à la durée de vie moyenne passé à l'état excité S_1V_0 avant l'emission de photon. La plupart des fluorochromes ont des durées de vie de l'ordre de la nanoseconde.

Enfin, la stabilité et la solubilité de chromophores sont des facteurs très importants pourqu'une sonde fluorescente soit utilisée en milieu biologique. Elle doit être inerte vis-à-vis de son environnement. De plus, elle doit avoir une solubilité aqueuse et une hydrophilie importante pour une diffusion plus facile à travers les membranes cellulaires (milieux physiologiques).

2.2- Fluorophores : applications de la fluorescence moléculaire

La recherche de nouveaux fluorophores[52] absorbant et émettant dans les régions spectrales du visible et du proche infrarouge présente un grand intérêt en raison de leurs possibles applications en biologie,[53] diagnostic médical et imagerie.[54] En plus d'une bonne adéquation avec la région d'absorption et d'émission recherchée, ils doivent posséder des coefficients d'extinction molaire et des rendements quantiques élevés. Les fluorophores les plus couramment employés [55] (Figure 7) sont les dérivés de la fluoresceine, de la rhodamine, de la série des BODIPYs et des cyanines polyméthines dont beaucoup sont commerciales. Ces fluorophores sont généralement des molécules (poly)hétérocycliques comportant des systèmes d'électrons π délocalisés et des groupements auxochromes (le plus souvent donneurs d'électrons). La rhodamine est plus stable photochimiquement que la fluorescéine et ses propriétés varient moins en fonction du pH. Les séries de marqueurs BODIPY recouvrent toutes les longueurs d'onde du visible et sont également moins sensibles au pH que la fluorescéine.[56]

---

[52] Lavis, L. D.; Raines, R. T. *ACS Chem. Biol.* **2008**, *3*, 142.
[53] Puliti, D.; Warther, D.; Orange, C.; Specht, A.; Goeldner, M. *Bioorg. Med. Chem.* **2011**, *19*, 1023.
[54] Rizo, P.; Dinten, J.-M.; Texier I. *Biotribune*, **2009**, 33.
[55] Kricka, L. J. *Ann. Clin. Biochem.* **2002**, *39*, 114.
[56] Handbook of Fluorescent Probes and Research Product. 9th Edition, Haugland R.P. Molecular Probes, USA, **2002**. (Voir également le site Internet **http://probes.invitrogen.com**)

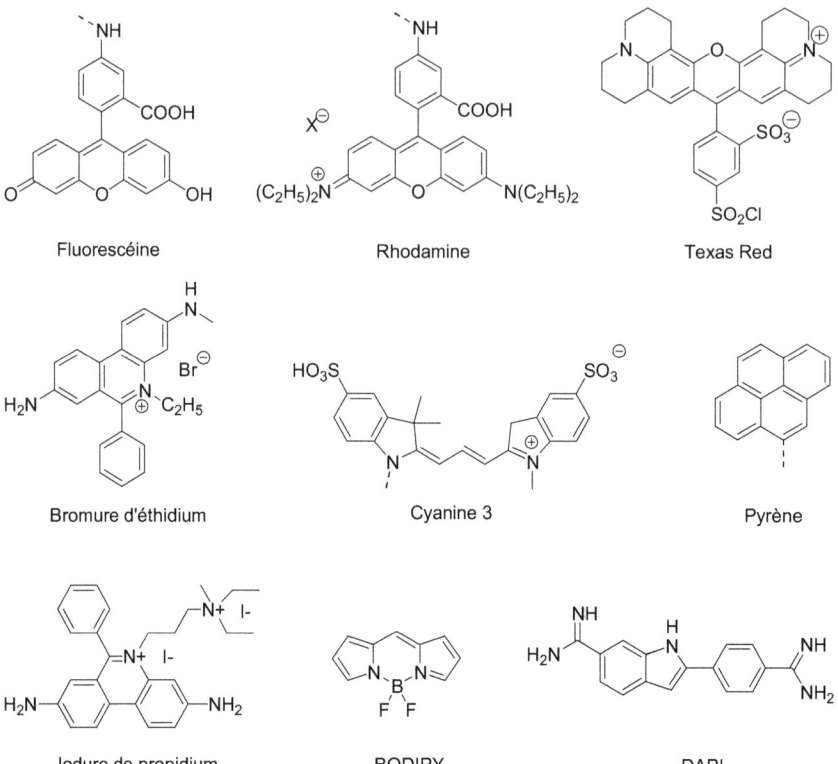

Figure 7 : Les fluorophores les plus couramment employés

Certains marqueurs possèdent des propriétés d'intercalation avec des acides nucléiques de l'ADN (bromure d'éthidium, iodure de propidium, DAPI, ...), d'autres se lient aux proteines de membranes cellulaires (Texas Red). Ces différents fluorophores, avec l'appui des techniques de microscopie d'épifluorescence, sont utilisés comme marqueurs dans le domaine médical afin d'observer *in vivo* des cellules.

Le développement de sondes chimiques fluorescentes est d'un grand intérêt puisqu'elles possèdent une très grande sélectivité et sensibilité envers un large éventail d'analytes cibles. La diversité fonctionnelle des fluorophores permet de viser un grand nombre d'applications. On dénombre par exemple, des sondes de pH, de fluidité, de polarité, ou encore des sondes de cations ou d'anions (chimie supramoléculaire). En effet, une molécule non fluorescente, sous l'effet d'une stimulation (chimique, thermique, ...), subit une réaction chimique qui libère (ou qui se transforme en) une molécule fluorescente qui peut être détectée par fluorimétrie (Figure 8).

Figure 8 : Principe d'une sonde fluorescente

Li et *coll.* ont développé une stratégie de synthèse d'une sonde fluorescente 'turn-on' à ion fluorure : un pyridinium non fluorescent, après cyclisation intramoléculaire initiée par les ions fluorure conduit à un composé cyclique fluorescent : la 1,3,4-triphénylpyrido [1,2-*a*] benzimidazole **45** (Schéma 32).[57]

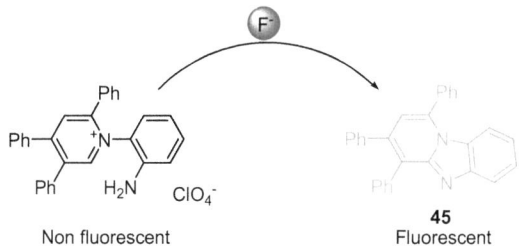

Schéma 32 : Sonde à ions fluorures

Une sonde fluorescente a été décrite par Xuan et *coll.* pour la détection du sulfure d'hydrogène (H_2S) (Schéma 33).[58] Dans cette stratégie, le H_2S est utilisé comme nucléophile afin de substituer la thiopyridine et générer le fragment S-SH. Ce dernier subit une cyclisation intramoléculaire qui libère la fluorescéine **46**. Ce fluorophore a été masqué par un groupe ester et un disulfure qui quenche la fluorescence. L'intensité de la fluorescence est proportionnelle à la concentration de H_2S. De plus, ce concept a été appliqué dans les milieux biologiques complexes, tels que le plasma bovin, et a permis de visualiser H_2S dans les cellules vivantes.

---

[57] Li, G.; Gong, W. T.; Ye, J. W.; Lin, Y.; Ning, G. L. *Tetrahedron Lett.* **2011**, *52*, 1313
[58] Xuan, W.; Sheng, C.; Cao, Y.; He, W.; Wang, W. *Angew. Chem. Int. Ed.* **2012**, *51*, 2282

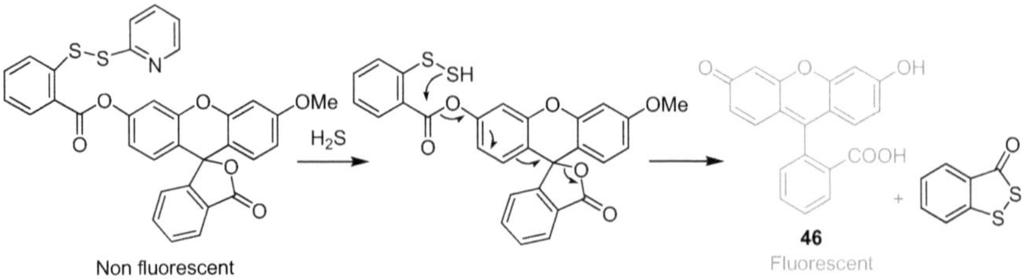

Schéma 33 : Sonde à sulfure d'hydrogène

Les organo-phosphates sont des agents neurotoxiques qui inhibent l'activité de l'acétylcholinestérase du système nerveux et provoquent la mort cellulaire. Wu et *coll.* ont développé une stratégie tandem (phosphorylation et cyclisation intramoléculaire) pour détecter le diéthylchlorophosphate (Schéma 34).[59] Ce dernier réagit avec la rhodamine-déoxylactam (dRB-EA) **47** non fluorescente, tout d'abord avec la fonction alcool puis avec l'amine, provoquant une ouverture de cycle et l'obtention d'une molécule **48** très fluorescente.

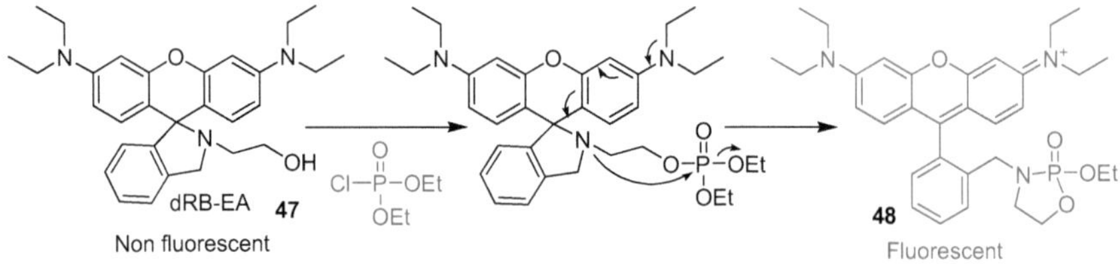

Schéma 34 : Sonde à diéthylchlorophosphate

Kowada et *coll.* ont développé une sonde à pH **50** pour la résorption osseuse des cellules *in vivo* à partir d'une molécule **49** non fluorescente (Schéma 35).[60] Cette sonde détecte à pH légèrement plus faible que le pH physiologique (entre 4.6 et 6.2)

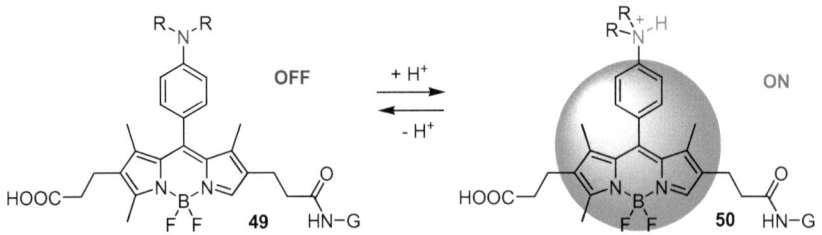

Schéma 35 : Sonde à pH

---

[59] Wu, X.; Wu, Z.; Han, S. *Chem. Commun.* **2011**, *47*, 11468.
[60] Kowada, T.; Kikuta, J.; Kubo, A.; Ishii, M.; Hiroki, M.; Mizukami, S.; Kikuchi, K. *J. Am. Chem. Soc.* **2011**, *133*, 17772.

Chapitre II : Synthèse de chromophores polyhétérocycliques par réaction cascade

1- Nouvelles méthodologies en synthèse hétérocyclique : de la pyridine vers des systèmes polycycliques

Une des thématiques de l'équipe SOR au sein du laboratoire SRSMC est la synthèse d'hétérocycles fonctionnalisés à partir de substrats simples et faciles d'accès. La chimie hétérocyclique représentant depuis longtemps un axe fort de recherche au niveau international, les applications en chimie médicinale,[61] en chimie supramoléculaire[62] et en chimie des matériaux[63] sont très répandues et de nombreux groupes de recherche s'intéressent de plus en plus au développement de nouvelles méthodologies de synthèse. La contribution de notre laboratoire dans ce domaine durant plusieurs années a été et reste encore le développement de nouvelles méthodologies de synthèse de molécules polyhétérocycliques qui soient flexibles, efficaces, rapides et simples à mettre en œuvre. Quelques exemples significatifs sont donnés dans le paragraphe suivant.

1.1- Synthèse de ferrocéno- et benzo-(iso)quinoléines

1.1.1- Les ferrocéno-(iso)quinoléines

Dans le cadre du projet visant la synthèse de nouveaux ligands polycycliques contenant le motif pyridinique, notre équipe s'est intéressée à la synthèse asymétrique et à la fonctionnalisation de nouveaux dérivés de la pyridine possédant la chiralité plane du ferrocène. Ces composés peuvent avoir des applications aussi bien en catalyse asymétrique[64] qu'en science des matériaux.

La synthèse d'hétérocycles ferrocéniques possédant la chiralité purement planaire reste très limitée dans la littérature. Deux types de molécules ont été décrits : les azaferrocènes où l'hétéroatome fait partie intégrante d'un cyclopentadiène du ferrocène et les quinoléines ferrocéniques où une pyridine est accolée au ferrocène. Alors que des synthèses asymétriques d'azaferrocènes substitués ont été réalisées,[65] les quinoléines ferrocéniques ont été préparées

---

[61] Kumar, K.; Waldmann, H. *Angew.Chem. Int. Ed.* **2009**, *48*, 3224.
[62] Navarro, J. A. R.; Lippert, B. *Coord.Chem. Rev.* **2001**, *222*, 219.
[63] Müller, T. J. J.; D'Souza, D. M. *Pure Appl. Chem.* **2008**, *80*, 609.
[64] Chelucci, G.; Thummel, R. P. *Chem. Rev.* **2002**, *102*, 3129.
[65] (a) Anderson, J. C.; Osborne, J. D.; Woltering, T. J. *Org. Biomol. Chem.* **2008**, *6*, 330. (b) Hansen, J. G.; Johannsen, M. *J. Org. Chem.* **2003**, *68*, 1266. (c) Fukuda, T.; Imazato, K.; Iowa, M. *Tetrahedron Lett.* **2003**, *44*, 7503.

de façon racémique puis les énantiomères ont été séparés par chromatographie sur phase chirale.[66] Notre équipe a donc entrepris la synthèse de ferrocéno-(iso)quinoléines où le ferrocène et la pyridine se trouvent dans un système plan qui est obtenu par réaction de cyclisation intramoléculaire.

Ainsi, une méthode générale a été décrite pour synthétiser les différents isomères de ferrocéno-(iso)quinoline.[67] Cette approche est simple et efficace, elle comporte un processus en deux étapes (Schéma 36) : une réaction de couplage palladocatalysé pour réunir la pyridine et le ferrocène puis une cyclisation intramoléculaire de type aldolisation-crotonisation permet d'accéder au cycle central.[68]

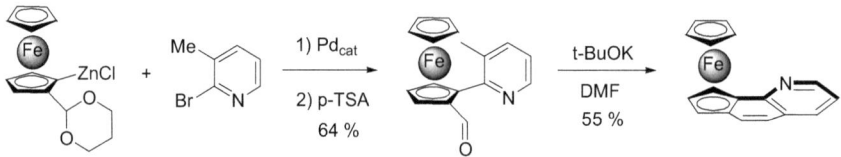

Schéma 36 : Synthèse d'un isomère de ferrocéno-(iso)quinoléines

1.1.2- Les benzo-(iso)quinoléines

De manière analogue à la synthèse de ferrocénoquinoléines, la synthèse de tous les isomères du motif benzoquinoléine a été réalisée au laboratoire.[69] L'intérêt principal de ce motif est qu'il possède de nombreuses propriétés biologiques,[70] physicochimiques[71] et de coordination.[72] La séquence réactionnelle mise en œuvre comprend un couplage de Suzuki et une condensation-déshydratation. Par exemple, le couplage de Suzuki entre la bromo-pyridine substituée **51** et l'acide boronique **52** permet d'obtenir l'aldéhyde **53**. Ensuite, une cyclisation en milieu basique permet d'obtenir le cycle central pour conduire à la benzo-(iso)quinoline attendue **54** avec de bons rendements (Schéma 37).

---

[66] Fu, G. C. *Acc. Chem. Res.* **2004**, *37*, 542.
[67] Mamane, V.; Fort, Y. *J. Org. Chem.* **2005**, *70*, 8220.
[68] de Koning, C. B.; Michael, J. P.; Rousseau, A. L. *J. Chem. Soc., Perkin Trans. 1*, **2000**, 1705.
[69] Mamane, V.; Louërat, F.; Iehl, J.; Abboud, M.; Fort, Y. *Tetrahedron* **2008**, *64*, 10699.
[70] (a) Atatreh, N.; Stojkoski, C.; Smith, P.; Booker, G. W.; Dive, C.; Frenkel, A. D.; Freeman, S.; Bryce, R. A. *Bioorg. Med. Chem. Lett.* **2008**, *18*, 1217. (b) Cappelli, A.; Giuliani, G.; Gallelli, A.; Valenti, S.; Anzini, M.; Mennuni, L.; Makovec, F.; Cupello, A.; Vomero, S. *Bioorg. Med. Chem.* **2005**, *13*, 3455. (c) Murthy, M.; Pedemonte, N.; MacVinish, L.; Malietta, L.; Cuthbert, A. *Eur. J. Pharmacol.* **2005**, *516*, 118. (d) Szkotak, A. J.; Murthy, M.; MacVinish, L. J.; Duszyk, M.; Cuthbert, A. W. *Br. J. Pharmacol.* **2004**, *142*, 531.
[71] (a) Matsumiya, H.; Hoshino, H.; Yotsuyanagi, T. *Analyst* **2001**, *126*, 2082. (b) Chou, P.-T.; Wei, C.-Y. *J. Phys. Chem.* **1996**, *100*, 17059.
[72] Prema, D.; Wiznycia, A. V.; Scott, B. M. T.; Hilborn, J.; Desper, J.; Levy, C. J. *Dalton Trans.* **2007**, 4788.

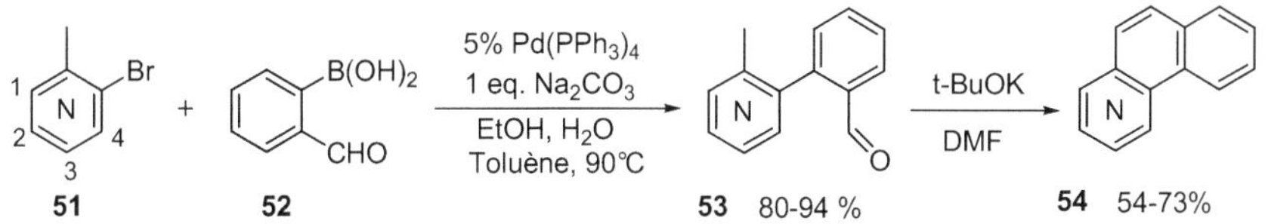

Schéma 37 : Synthèse de trois isomères de benzo-(iso)quinoléines

Cette méthode est efficace pour trois isomères (N en position 1, 2 et 3) mais dans le cas où l'azote pyridinique et l'aldéhyde sont proches (N en position 4) (Schéma 38), on observe une cyclisation intramoléculaire conduisant à une molécule tricyclique **55** : la pyrido[2,1-*a*] isoindolone.

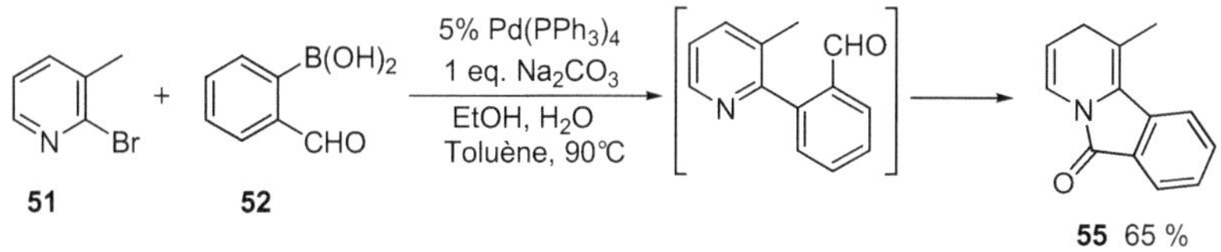

Schéma 38 : Synthèse inattendue d'une pyrido[2,1-*a*] isoindolone

Des travaux au laboratoire ont montré que cette cyclisation pouvait être inhibée en présence d'un chlore en *alpha* de l'azote qui réduit sa nucléophilie. En effet, le couplage de Suzuki entre la bromochloropyridine substituée **56** et l'acide boronique **52** permet d'isoler l'aldéhyde intermédiaire **57**. Ensuite, cet intermédiaire a été cyclisé par aldolisation-crotonisation pour donner la benzo-(iso)quinoline attendue **58** (Schéma 39).

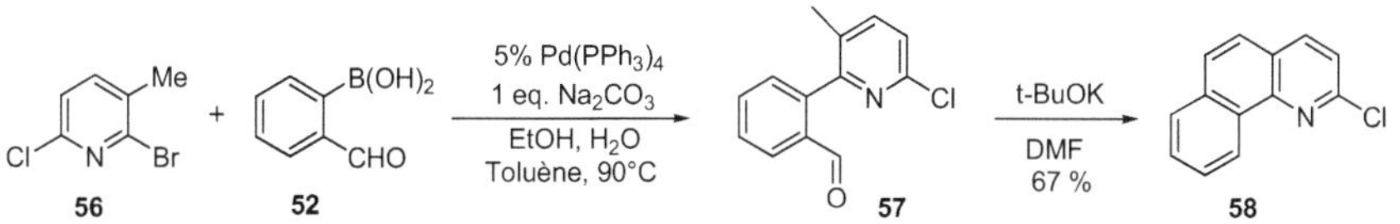

Schéma 39 : Synthèse d'une benzo[*h*]quinoléine halogénée

1.2- Synthèse de Pyrido[2,1-*a*]isoindolones par réaction cascade

Comme nous l'avons vu plus haut, lors de l'étude sur la synthèse des benzo-(iso)quinoléines **54**, il a été montré d'une façon plus générale que les 2-halopyridines **59** diversement substituées réagissent avec l'acide 2-formylboronique **52** pour conduire à des systèmes tri- ou tétra-cycliques **60** (Schéma 40).[73]

---

[73] (a) Mamane, V.; Fort, Y. *Tetrahedron Lett.* **2006**, *47*, 2337. (b) Mamane, V. *Targets in Heterocyclic Systems. Chemistry and Properties* **2006**, *10*, 197.

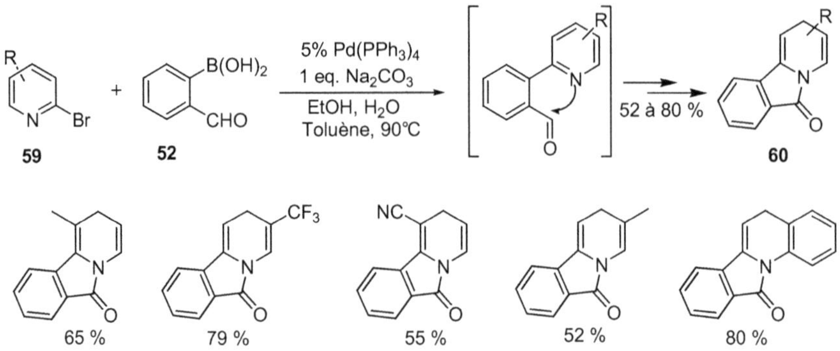

Schéma 40 : Synthèse de pyrido[2,1-*a*] isoindolones substituées

Ces pyrido[2,1-*a*]isoindolones sont formées au cours d'un processus cascade comprenant un couplage de Suzuki, une cyclisation intramoléculaire entre l'azote pyridinique et l'aldéhyde et enfin une migration d'hydrogène intramoléculaire. Une optimisation des conditions réactionnelles a montré l'importance de la base et de l'eau dans ce processus. Des 2-halopyridines possédant des groupements aussi bien attracteurs que donneurs ont été utilisées dans cette réaction ainsi que les chloro-(iso)quinoléines pour conduire à des composés polycycliques avec de bons rendements.

1.3- Préparation de chromophores hétérocycliques par réaction cascade

Dans le but d'obtenir des benzoquinoléines fonctionnalisées, deux voies ont été envisagées au laboratoire selon que la fonctionnalisation est réalisée avant cyclisation ou après cyclisation (Schéma 41).

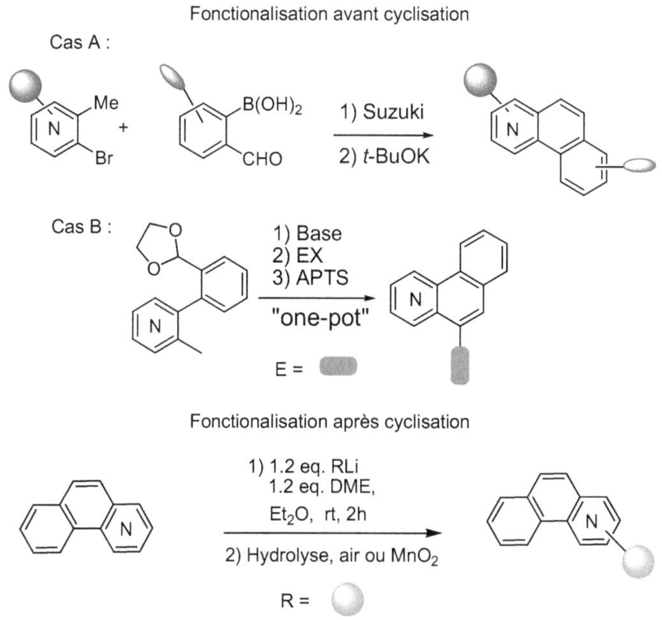

Fonctionnalisation avant cyclisation

Cas A :

[Schéma : pyridine avec Me et Br + acide boronique avec CHO → 1) Suzuki 2) *t*-BuOK → benzoquinoléine]

Cas B :

[Schéma : biaryle avec dioxolane et méthylpyridine → 1) Base 2) EX 3) APTS "one-pot" → benzoquinoléine fonctionnalisée ; E =]

Fonctionnalisation après cyclisation

[Schéma : benzo(iso)quinoléine → 1) 1.2 eq. RLi, 1.2 eq. DME, Et$_2$O, rt, 2h ; 2) Hydrolyse, air ou MnO$_2$ → produit fonctionnalisé ; R =]

Schéma 41 : Les différentes voies de fonctionnalisation des benzo-(iso)quinoléines

Fonctionnalisation avant cyclisation

Dans ce cas de figure, les groupements fonctionnels sont apportés par les composés de départ : la pyridine et l'acide boronique (cas A) ou sont introduits après le couplage (cas B). Ci-dessous, quelques exemples de benzoquinoléines sont représentés dans la figure 9 :

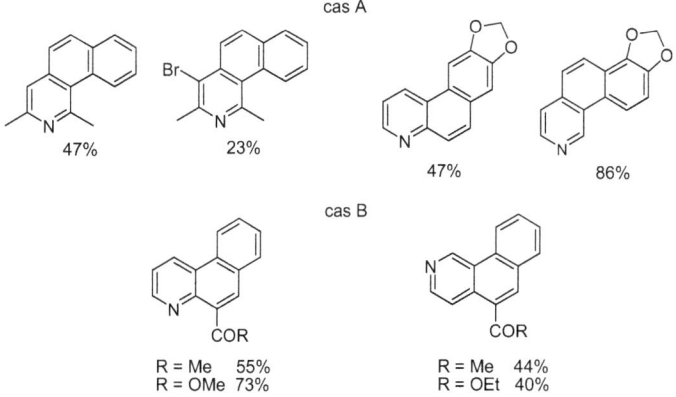

cas A

47%   23%   47%   86%

cas B

R = Me 55%   R = Me 44%
R = OMe 73%   R = OEt 40%

Figure 9 : Quelques exemples de benzo-(iso)quinoléines fonctionnalisées

Fonctionnalisation après cyclisation

Deux méthodes ont été utilisées pour réaliser la fonctionnalisation directe de benzoquinolines : l'addition d'alkyl lithiums[74] et la lithiation avec *n*-BuLi-LiDMAE[75] suivie d'un piégeage électrophile.

Concernant l'addition nucléophile, l'utilisation d'un ligand du lithium tel que le DME (diméthoxyéthane)[76] a permis d'accélérer les réactions. De plus, cette méthode a permis d'introduire de manière efficace un groupement méthyle qui a pu être transformé en groupement ester ou thioester par une méthode récemment décrite au laboratoire[77] (Schéma 42).

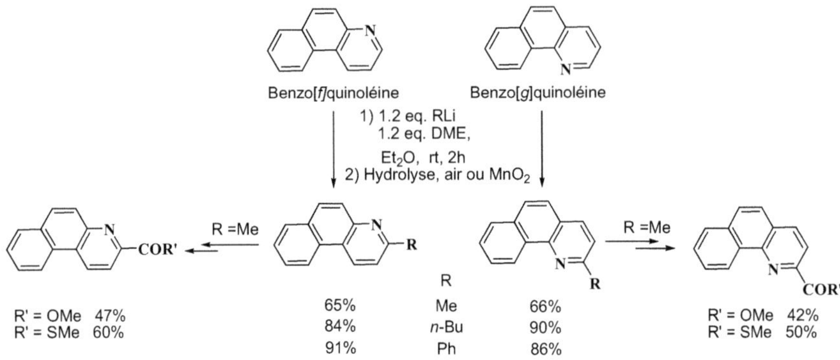

Schéma 42 : Fonctionnalisation directe de benzo-(iso)quinoléines par addition

La lithiation directe par la superbase *n*-BuLi/LiDMAE a également été testée Notons que ce système superbasique *n*-BuLi/LiDMAE a été étudié au laboratoire.[78] Cette superbase combinant le *n*-BuLi et le 2-(diméthylamino)éthanolate de lithium (LiDMAE) est préparée dans un solvant apolaire (hexane, toluène). La représentation schématique de cette superbase *n*-BuLi/LiDMAE est donnée dans le schéma 43.

---

[74] Mamane, V.; Louerat, F.; Fort, Y. *Lett. Org. Chem.* **2010**, *7*, 90.
[75] (a) Gros, P.; Fort, Y. *Eur. J. Org. Chem.* **2009**, 4199. (b) Gros, P.; Fort, Y. *Eur. J. Org. Chem.* **2002**, 3375
[76] (a) Louërat, F.; Fort, Y.; Mamane, V. *Tetrahedron Lett.* **2009**, *50*, 5716. (b) Alexakis, A.; Amiot, F. *Tetrahedron: Asymmetry* **2002**, *13*, 2117.
[77] Mamane, V.; Aubert, E.; Fort, Y. *J. Org. Chem.* **2007**, *72*, 7294.
[78] (a) Gros, P.; Fort, Y.; Quéguiner, G.; Caubère, P. *Tetrahedron Lett.* **1995**, *36*, 4791. (b) Gros, P.; Fort, Y.; Caubère, P. *J. Chem. Soc., Perkin Trans.* **1997**, 3071. (d) Khartabil, H. K.; Gros, P. C.; Fort, Y.; Ruiz-López, M. F. *J. Am. Chem. Soc.* **2010**, *132*, 2410.

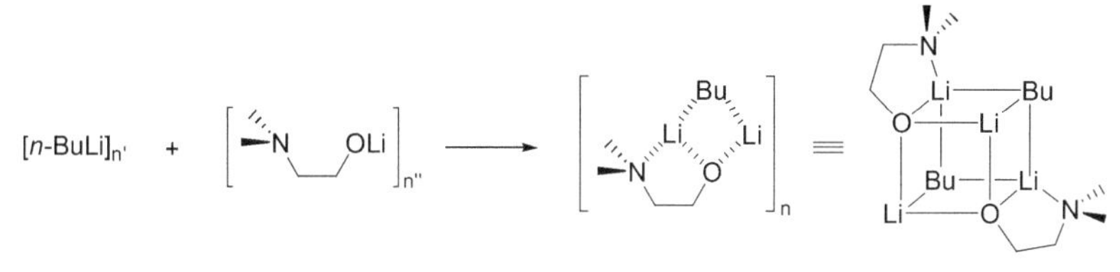

[n-BuLi]$_{n'}$ + [structure]$_{n''}$ ⟶ [structure]$_n$ ≡ [structure]

Schéma 43 : La superbase n-BuLi/LiDMAE.

Contrairement à la pyridine et à la quinoléine qui nécessitent l'emploi de 2 à 4 équivalents de superbase n-BuLi-LiDMAE, la lithiation en α de l'azote des benzoquinoléines n'a été complète qu'en présence de 8 équivalents de superbase. Les raisons de cette faible réactivité sont encore obscures. Toutefois, cette méthode a permis d'introduire un certain nombre de fonctions de façon directe et avec de bons rendements. L'intérêt de cette méthode provient du fait qu'il est facile en deux étapes d'introduire une grande diversité structurale puisque les composés halogénés peuvent être engagés dans des réactions de couplage. Quelques exemples utilisant le couplage de Suzuki ont été effectués et sont représentés dans le schéma 44.

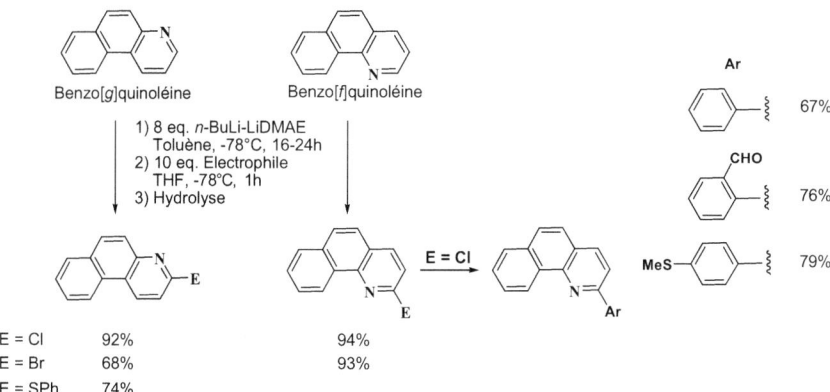

Schéma 44 : Fonctionnalisation directe de benzo-(iso)quinoléines par lithiation

Étant donné que l'utilisation d'un large excès de superbase est un facteur limitant dans cette synthèse, nous nous sommes intéressés à la préparation des chlorobenzoquinoléines par la voie de fonctionnalisation avant cyclisation, c'est-à-dire en utilisant une pyridine chlorée comme produit de départ.

La préparation de 2-chloropyridines portant un brome et un méthyle en positions vicinales était nécessaire. Ainsi, la pyridine **61** a été mise en présence de LDA (diisopropylamidure de lithium) à -78°C pour former le dérivé lithié en position 4 qui est piégé par l'iodométhane (Schéma 45). En plus du produit désiré **62** obtenu avec un bon rendement de 72 %, une petite quantité d'un dimère **63** a pu être isolé.[16b] Ce composé a pu être étudié notamment d'un point de vue cristallographique.

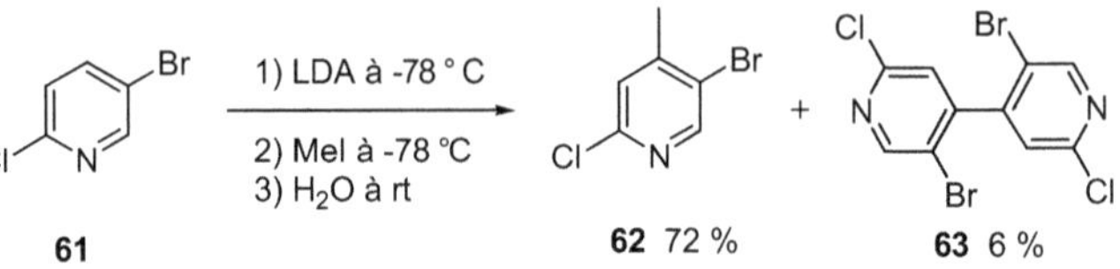

Schéma 45 : Synthèse de la pyridine **62**

La première étape de la synthèse multi-étapes envisagée est un couplage de Suzuki entre la 2,5-dihalopyridine **62** substituée et l'acide boronique **52**. Ce couplage a permis d'obtenir le produit **64** comme composé majoritaire ainsi qu'un produit secondaire **65** inattendu en faible quantité (Schéma 46).

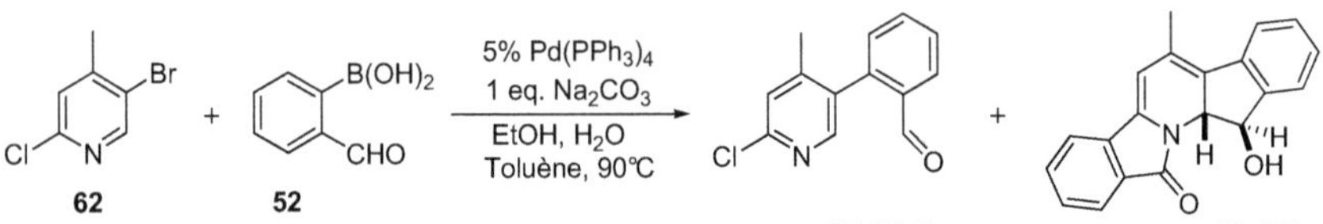

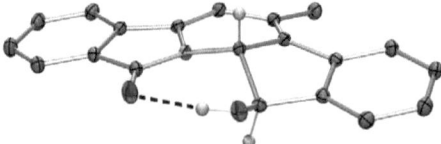

Schéma 46 : Première observation du pentacycle **65**

Ce produit fluorescent a été isolé et sa structure a été confirmée par DRX (Figure 10).

Figure 10 : Structure ORTEP de **65**

Cette nouvelle molécule obtenue sous forme d'un seul isomère est un polyhétérocycle formé de cinq cycles accolés avec une forte délocalisation électronique. Quatre nouvelles liaisons sont formées ainsi que deux centres stéréogènes contigus avec une configuration *trans* déterminée grâce à la structure obtenue par DRX sur monocristal.[79] Cette réaction satisfait un critère important de la «chimie verte»[80] qui est l'économie d'étapes, réduisant ainsi le nombre de procédures d'extraction et de purification. De plus, elle est totalement régiospécifique et susceptible de donner accès à une grande diversité moléculaire.

---

[79] Chamas, Z.; Dietz, O.; Aubert, E.; Fort, Y.; Mamane, V. *Org. Biomol. Chem.* **2010**, *8*, 4815.

[80] Anastas, P.T.; Warner, J.C. *Green chemistry theory and practice*, Oxford, Oxford university, **1998**, 135

Compte tenu de l'intérêt potentiel de cette molécule fluorescente, nous nous sommes tout naturellement intéressés à l'optimisation de cette réaction secondaire originale. Nos objectifs ont été d'augmenter l'efficacité de cette réaction, d'en comprendre le mécanisme et enfin d'étendre son champ d'application.

2- Synthèse du pentacycle fluorescent

Le pentacycle **65** est formé à partir de deux entités : un noyau pyridinique et deux noyaux benzéniques selon l'analyse rétrosynthétique représentée dans le schéma 47. Ces deux entités sont issues de la 2,5-dihalogénopyridine **62** et de l'acide 2-formyl boronique **52**. Pendant la réaction, un double couplage de Suzuki a lieu suivi par deux cyclisations intramoléculaires

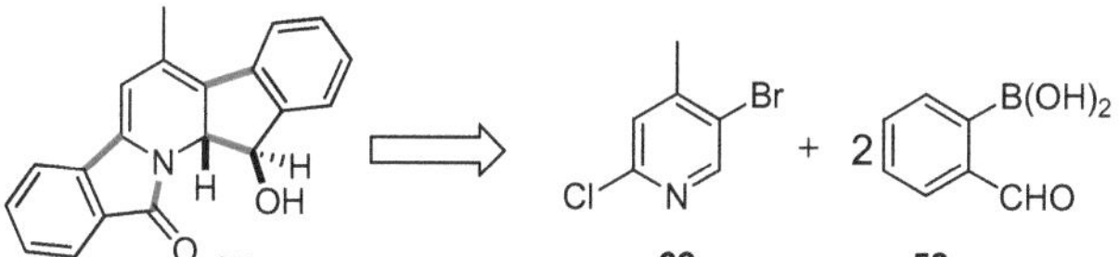

Schéma 47 : Schéma rétrosynthétique du pentacycle **65**

Par rapport aux conditions réactionnelles du Schéma 46, nous avons engagé la dihalogénopyridine substitué **62** avec un excès d'acide boronique **52** (1.25 équivalents par halogène) en présence d'une quantité catalytique de Pd(PPh$_3$)$_4$ (10 %) et d'une solution aqueuse de carbonate de sodium (5 équivalents de Na$_2$CO$_3$, 1M) à reflux du toluène (Schéma 48). Nous avons alors isolé de nouveau le pentacycle fluorescent **65** sous forme d'un seul stéréoisomère avec un bon rendement de 50 %. L'optimisation de la réaction sera présentée plus loin.

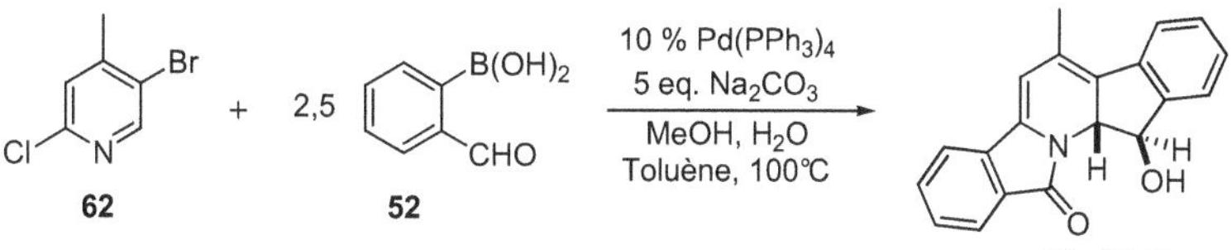

Schéma 48 : Préparation du pentacycle **65**

Appliquée aux dihalogénopyridines commerciales ou faciles d'accès, cette réaction devrait en conséquence nous permettre de préparer en one-pot toute une nouvelle famille de "chromophores hétérocycliques" par une voie de synthèse courte et efficace selon un processus cascade. Dans le but de vérifier l'efficacité et la reproductibilité de cette réaction, nous avons utilisé trois 2,5-dihalogénopyridines différemment substituées (Schéma 49).

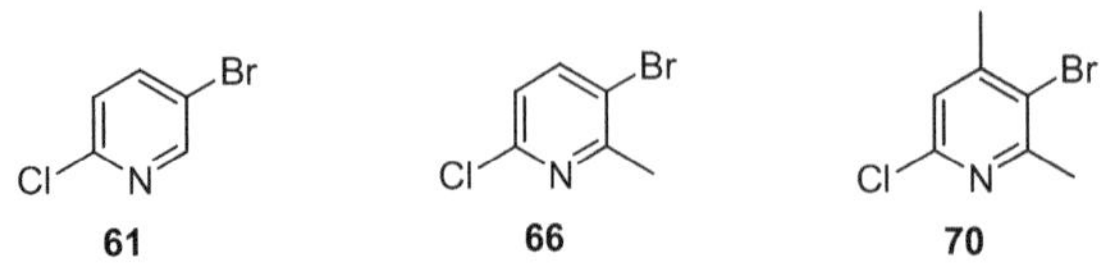

61 **66** **70**

Schéma 49 : Quelques substrats pour la réaction cascade

La pyridine **61** est commerciale et les deux autres ont été préparées selon une méthode décrite dans la littérature.

La 5-bromo-2-chloropyridine **66** portant un méthyle en position 6 a ainsi été synthétisée selon les conditions de Sandmeyer au départ de l'amine commerciale **68**. Après un passage par l'intermédiaire sel de diazonium, on isole le produit souhaité **66** avec un rendement de 50 % (Schéma 50).[81]

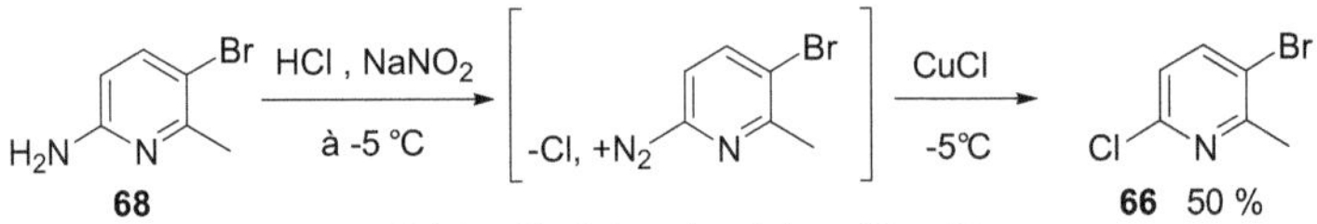

68 → **66** 50 %

Schéma 50 : Préparation de la pyridine **66**

La pyridine **70** disubstituée a quant à elle été préparée en deux étapes à partir d'un produit commercial : la 2-amino-4,6-diméthylepyridine **69** (Schéma 51). Une mono-bromation sélective[69] avec 0.5 équivalents de dibromohydantoïne dans le dichlorométhane (DCM) à basse température suivie par le remplacement du groupement amine par un atome de chlore dans les mêmes conditions précédentes de Sandmeyer, conduit au produit désiré **70** avec un rendement global de 23.5 %.

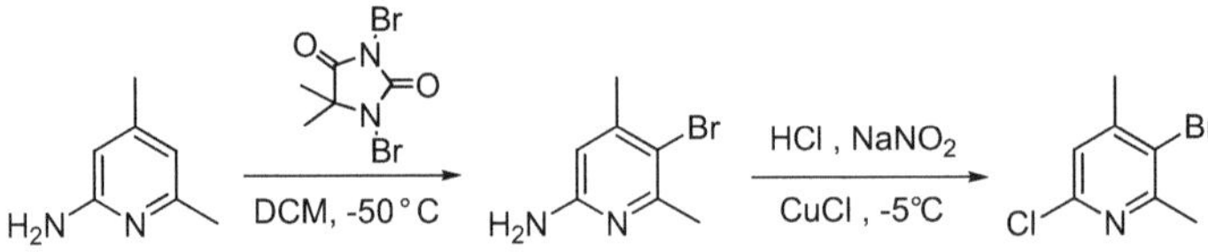

69 → **71** 47 % → **70** 50 %

Schéma 51 : Préparation de la pyridine **67**

Ces trois substrats ont ensuite été engagés dans la réaction cascade pour accéder aux divers pentacycles envisagés.

Dans un premier temps, nous avons utilisé la 5-bromo-2-chloropyridine **61** non substituée avec 2.5 équivalents d'acide 2-formyl boronique **52** selon le couplage pallado-catalysé de Suzuki en présence d'un excès de carbonate de sodium (Na_2CO_3) à reflux du

---

[81] Bouillon, A.; Lancelot, J.C.; Collot, V.; Bovy, P.R.; Rault, S. *Tetrahedron*, **2002**, *58*, 2885.

toluène (Schéma 52). Le pentacycle attendu **72** a été obtenu avec un rendement de 57 % en gardant la même stéréochimie (même valeur de couplage *J* entre les hydrogènes *trans* que dans le produit **65**).

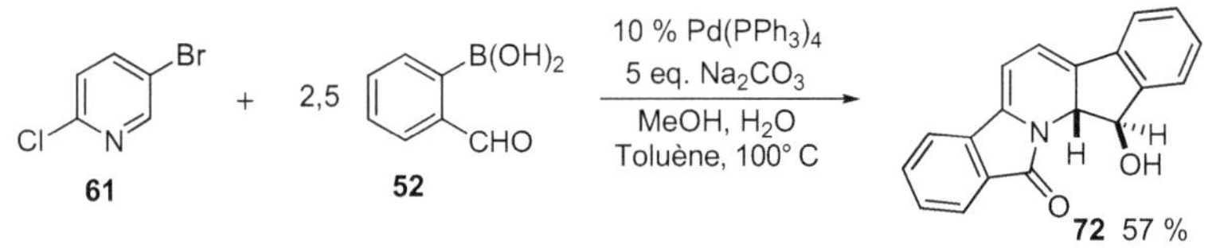

Schéma 52 : Synthèse du pentacycle **72**

Il est important de préciser qu'on obtient un seul diastéréoisomère **72**. Le spectre RMN ^{1}H brut du mélange réactionnel nous montre qu'il n'y a pas formation d'autres isomères (Figure 11).

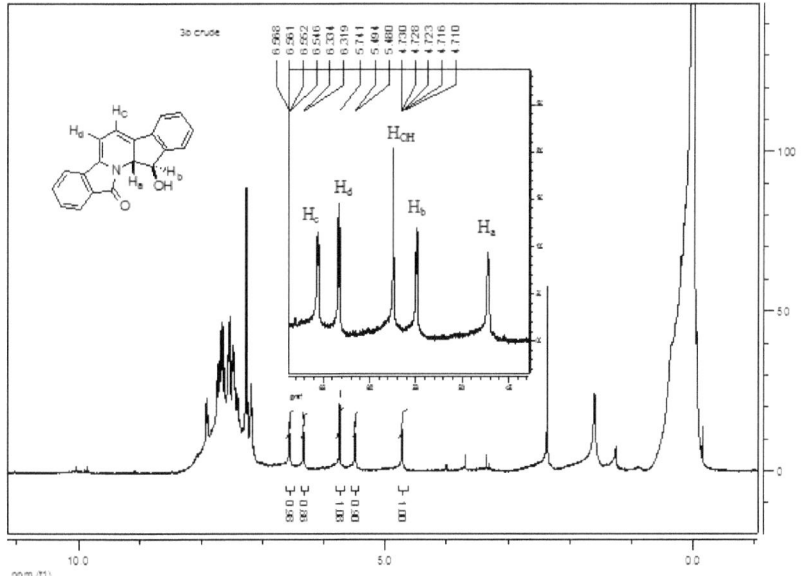

Figure 11 : spectre RMN ^{1}H brut du mélange réactionnel du pentacycle **72**

De plus, des études préliminaires de fluorescence ont montré que le pentacycle **72** possède un rendement quantique de fluorescence élevé ($\Phi = 0.63$).

Nous avons ensuite engagé la 5-bromo-2-chloropyridine **66** substituée par un méthyle en position 6 avec 2.5 équivalents d'acide 2-formyl boronique **52** dans les conditions classiques utilisant le Pd(PPh$_3$)$_4$ (Schéma 53). Nous avons isolé le pentacycle **73** avec un rendement de 59 % sous forme d'un solide jaune fluorescent.

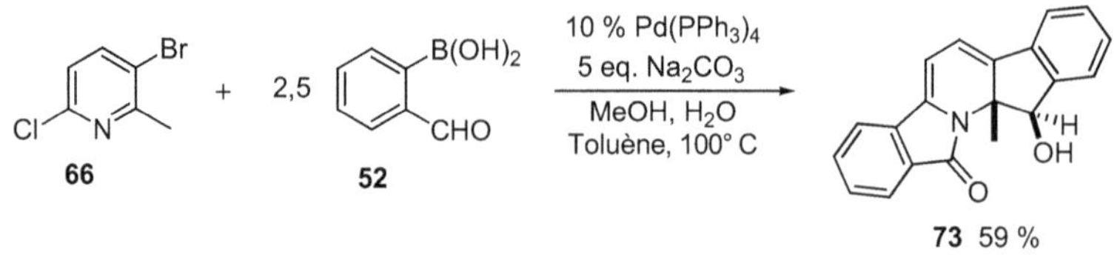

Schéma 53 : Synthèse du pentacycle **73**

La structure du pentacycle **73** a été confirmée de nouveau par DRX qui présente une stéréochimie *anti* entre le méthyle et l'hydrogène au pied de l'alcool (Figure 12).

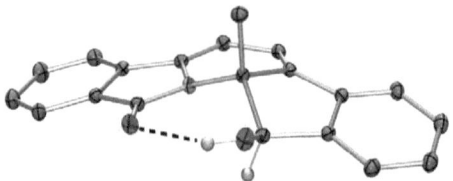

Figure 12 : Structure ORTEP du pentacycle **73**

La réaction cascade a montré jusqu'à présent une grande efficacité. Nous avons donc utilisé la 5-bromo-2-chloropyridine **70** substituée en position 4 et 6 par un méthyle pour voir si cette double substitution pouvait amener une modification soit au niveau synthétique, soit au niveau de la propriété de fluorescence de cette molécule.

La pyridine disubstituée **70** a été mise en réaction avec 2.5 équivalents d'acide 2-formyl boronique **52** dans les conditions classiques du couplage de Suzuki et nous a donné le pentacycle souhaité **74** avec un rendement modeste de 36 % (Schéma 54). On peut expliquer la légère chute du rendement par le fait d'un encombrement stérique autour du carbone portant le brome ce qui pourrait favoriser le couplage en position 2 de la pyridine et donner des produits de dégradation.

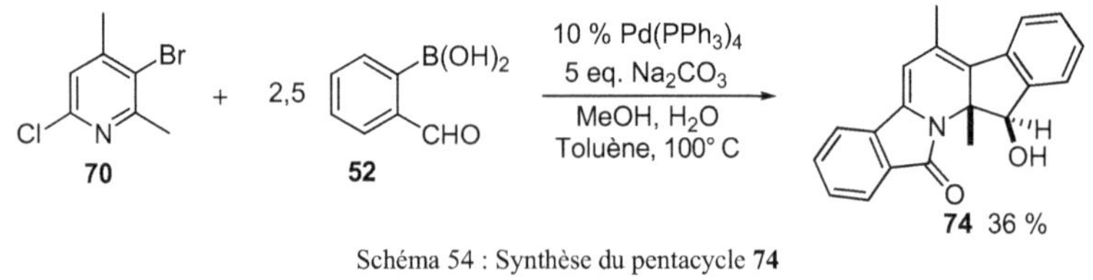

Schéma 54 : Synthèse du pentacycle **74**

Il apparait que de légères modifications de la substitution sur la pyridine n'a pas d'influence sur la diastéréosélectivité. Nous verrons plus tard que ces modifications peuvent avoir un effet sur les propriétés de la fluorescence.

3- Effet des halogènes sur la réactivité de la pyridine

Afin d'améliorer le rendement réactionnel et d'avoir des informations sur le mécanisme, nous avons envisagé de modifier les halogènes portés par la pyridine. Il est à noter que l'ordre des couplages (en position 5 puis en position 2) est très important puisque la 2,5-dibromopyridine **75**, où l'ordre de réactivité des positions 2 et 5 est inversé, n'a pas conduit au produit désiré **72** mais principalement à de la dégradation (Schéma 55). Le composé **76** peut être formé dans un premier temps puis être transformé pour conduire à différents produits de dégradation (hydrolyse, isomérisation de la double liaison ou over-coupling).

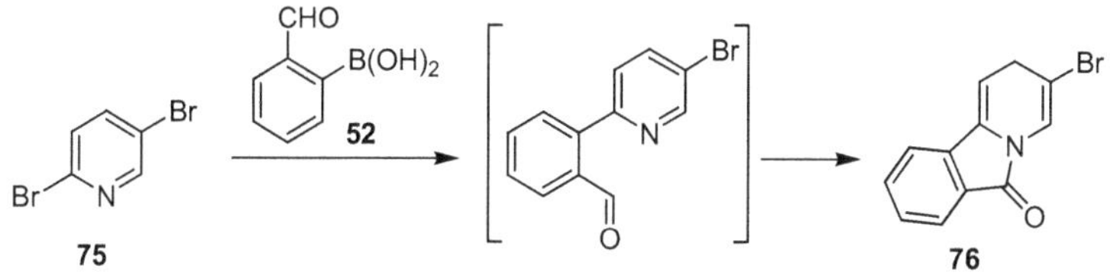

Schéma 55

Tout d'abord, nous avons pensé qu'en utilisant une pyridine plus réactive le couplage devrait être plus efficace. Nous avons donc changé la 5-bromo-2-chloropyridine **61** qui a donné un rendement de 57 % par la 2-bromo-5-iodopyridine **67** dans les mêmes conditions de réaction. Le pentacycle **72** est alors obtenu avec un rendement modeste de 44 % et avec plus de produits secondaires. On peut expliquer cette chute de rendement par le fait que la réactivité du brome en position 2 de la pyridine **67** se rapproche de celle de l'iode en position 5 (Schéma 56).

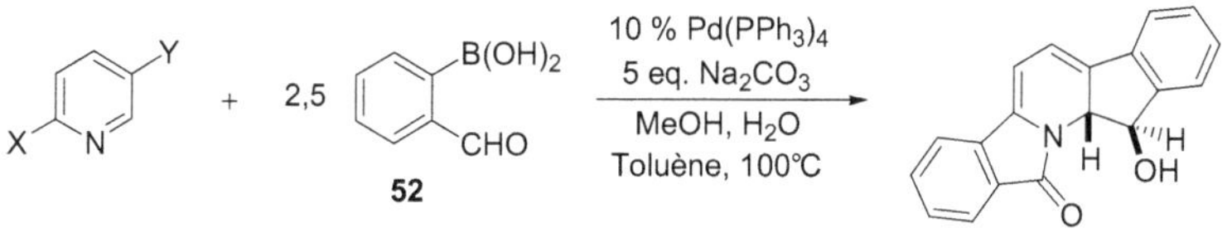

61	X = Cl ; Y = Br	57 %
67	X = Br ; Y = I	44 %
75	X = Br ; Y = Br	0 %
77	X = Cl ; Y = I	0 %

Schéma 56 : Effet des halogènes de la pyridine sur la réaction cascade

Afin de créer une différence de réactivité entre les halogènes, nous avons alors utilisé la 2-chloro-5-iodopyridine **77** pour favoriser le couplage en position 5. La 2-chloro-5-iodopyridine **77** a été préparée en deux étapes à partir de la 2-aminopyridine **78** par une méthode décrite dans la littérature[81] (Schéma 57) : une iodation avec l'acide périodique et de l'iode suivie par une transformation de l'amine **79** en chlore dans les conditions de Sandmeyer a permis d'obtenir la pyridine **77** avec un bon rendement global.

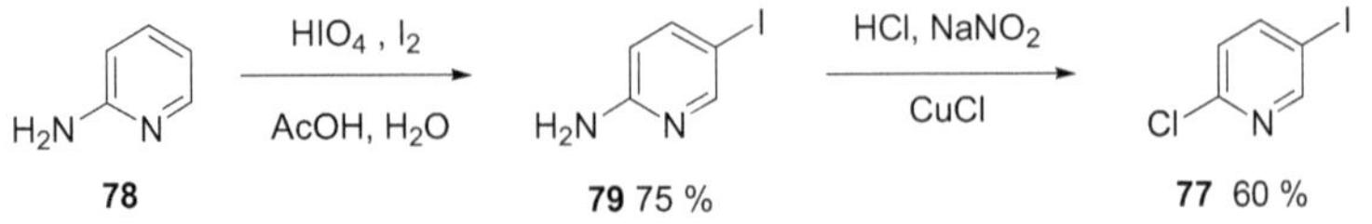

Schéma 57 : Préparation de la pyridine **77**

Engagée dans la réaction cascade, cette pyridine **77** n'a pas donné le pentacycle fluorescent **72**. En effet, nous obtenons uniquement le produit de monocouplage **80** (Schéma 58).

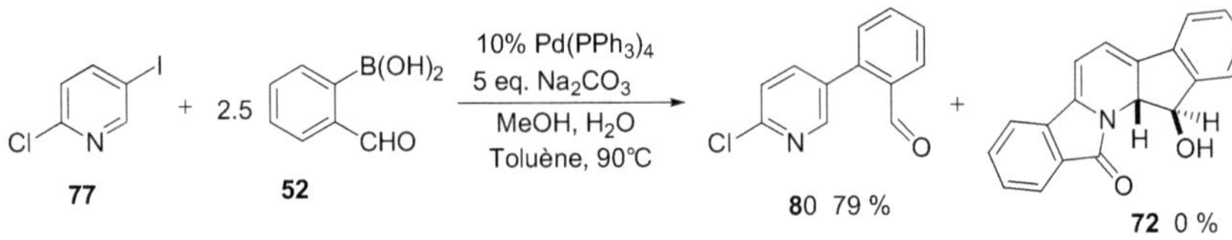

Schéma 58 : Inhibition de la cascade en absence de bromure et en présence d'iodure

On peut expliquer ce résultat par l'absence des ions bromures formés au cours du premier couplage avec la 5-bromo-2-chloropyridine **61** montrant qu'il y a possibilité d'effet de sel.[82] Pour cela, nous avons testé cette réaction en présence d'un équivalent de bromure de sodium ou potassium (NaBr ou KBr). Dans ces conditions, la réaction nous a permis d'obtenir le pentacycle **72** avec un rendement modeste de 20 % avec une quantité très importante du produit **80**. Il est à noter que la présence de sels iodés peut également inhiber la réaction cascade.

D'un point de vue mécanistique, il est à noter que nous avons choisi d'étudier les différents intermédiaires de la réaction dans le but de connaître toutes les étapes de la cascade.

---

[82] Pour l'importance des effets de sels dans les réactions de couplage au palladium, voir : Beletskaya, I. P.; Cheprakov A. V. *Chem. Rev.* **2000**, *100*, 3009.

4- Conclusion

Des composés pentacycliques ont été synthétisés avec des rendements moyens à satisfaisants. Ces composés polycycliques sont très intéressants d'un point de vue synthétique et aussi bien en raison de leurs propriétés de fluorescence. A ce stade, nous avons envisagé d'améliorer le processus cascade en optimisant les conditions de la réaction après avoir étudié, d'une façon détaillée, le mécanisme de cette réaction *one-pot*.

Chapitre III : Etude mécanistique et optimisation de la réaction

1- Étude du mécanisme de la réaction

La molécule fluorescente **72** a été obtenue par un processus cascade à partir de produits simples et faciles d'accès dans le cadre d'un processus *one-pot*. Pour comprendre ce processus, nous proposons dans un premier temps un mécanisme simple basé sur une analyse rétrosynthétique (Schéma 59).

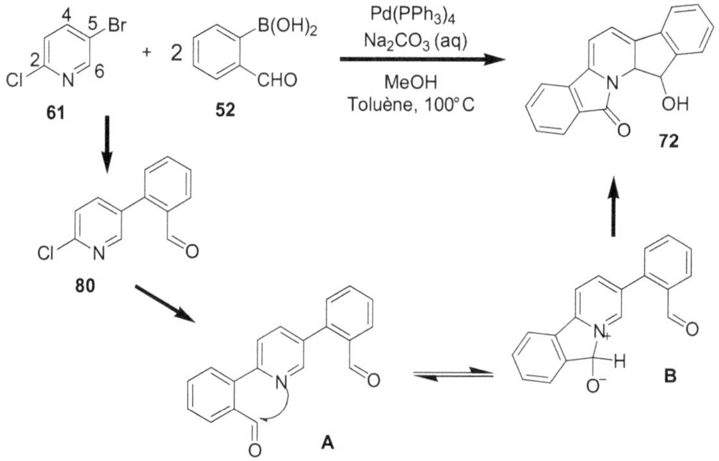

Schéma 59 : Mécanisme simplifié proposé pour la cascade

Le premier couplage pallado-catalysé de Suzuki a lieu sélectivement entre l'acide boronique **52** et le carbone 5 de la pyridine **61** portant l'atome de brome qui subit ensuite un deuxième couplage avec le même acide boronique **52** sur le carbone portant l'atome de chlore en *alpha* de la pyridine **61** et conduit au *bis*-aldéhyde **A**. L'intermédiaire **A** est instable en raison de la réactivité de l'azote de la pyridine qui attaque l'aldéhyde pour donner l'intermédiaire **B**. Enfin cet intermédiaire subit plusieurs transformations pour accéder au pentacycle fluorescent **72**.

Afin de confirmer le mécanisme que nous avons proposé ci-dessus pour la réaction cascade, nous avons utilisé en parallèle deux approches :

i) une première approche expérimentale qui a visé à identifier les intermédiaires de la réaction et à comprendre leur réactivité.

ii) une deuxième approche purement théorique basée sur les calculs théoriques de la fonctionnelle de la densité (DFT) pour confirmer le mécanisme de cette réaction et pour décrire la régio- et la diasteréosélectivité de la seconde cyclisation.

Concernant l'approche expérimentale, notre objectif a consisté à isoler les intermédiaires et les remettre en réaction d'une part, et à développer une méthode de synthèse permettant d'accéder à ces intermédiaires d'autre part.

1.1- Etude de l'intermédiaire **80**

Dans le but de confirmer la première étape du mécanisme, nous avons isolé l'intermédiaire **80** ainsi que son équivalent bromé **81**. Pour cela, nous avons fait réagir les dihalogénopyridines **61** et **67** avec l'acide boronique **52** en quantité stœchiométrique selon les conditions de Suzuki (Schéma 60). Nous avons isolé les différents aldéhydes avec des bons rendements de 75 % pour le composé chloré **80** et de 84 % pour le composé bromé **81**.

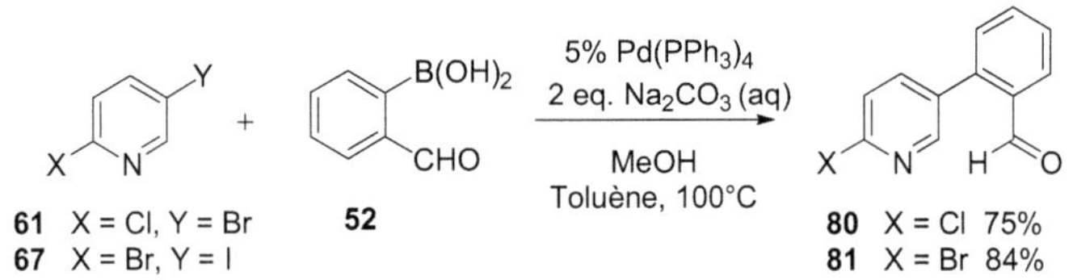

Schéma 60 : Formation des produits de mono-couplage **80** et **81**

En présence d'un excès d'acide boronique **52**, nous avons fait réagir les intermédiaires dans les conditions classiques de couplage de Suzuki qui permettent d'accéder au pentacyle **72** (Schéma 61). La molécule fluorescente **72** est alors isolée avec des rendements de 32% à partir du composé chloré **80** et de 54% à partir du composé bromé **81**.

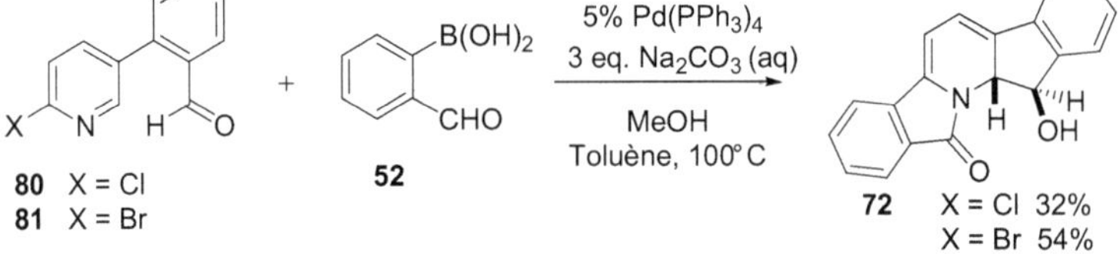

Schéma 61 : Réaction cascade avec les produits de mono-couplage

Nous pouvons donc conclure que l'intermédiaire **80** est bien un intermédiaire potentiel pour notre réaction cascade.

1.2- Essais de synthèse du *bis*-aldéhyde A

1.2.1- Réactivité de l'azote pyridinique sur un aldéhyde intramoléculaire

Les composés à noyau pyridinique portant un groupe *ortho*-benzaldéhyde en position 2 de la pyridine sont généralement décrits comme instables donnant lieu à des processus en cascade, produisant ainsi les pyrido[2,1-*a*]isoindolones[83] ou des produits dimères.[84] En effet, lors de la synthèse de dérivés amino-indolizine,[85] Igeta et *coll.* avaient besoin de préparer l'*o*-(2-pyridyl)benzaldéhyde (Schéma 62). Pour ce faire, ils ont tenté l'hydrolyse du *o*-(2-pyridyl)benzaldiacétate **82** avec du HCl et ont constaté qu'après traitement basique, un produit inattendu, la pyrido[2,1-*a*]isoindolone **83** a été formée à la place de l'aldéhyde.

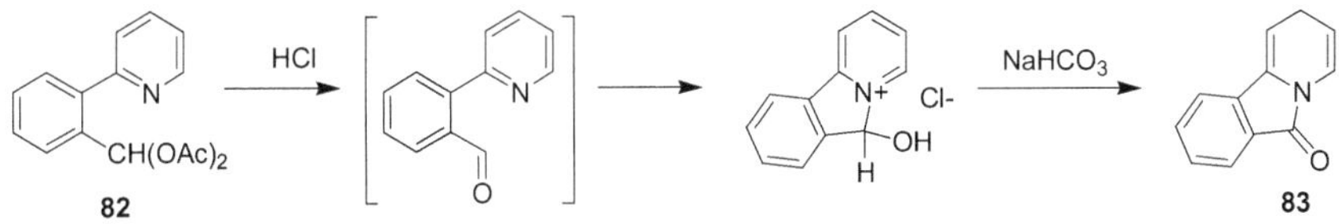

Schéma 62 : Réactivité de l'azote pyridinique dans l'*o*-(2-pyridyl)benzaldéhyde

Lors de la synthèse de benzo-(iso)quinoléines, les travaux effectués au laboratoire ont montré que l'*o*-(2-pyridyl)benzaldéhyde est très réactif et réagit spontanément pour accéder à la pyrido[2,1-a]isoindolone **60** (Schéma 63).

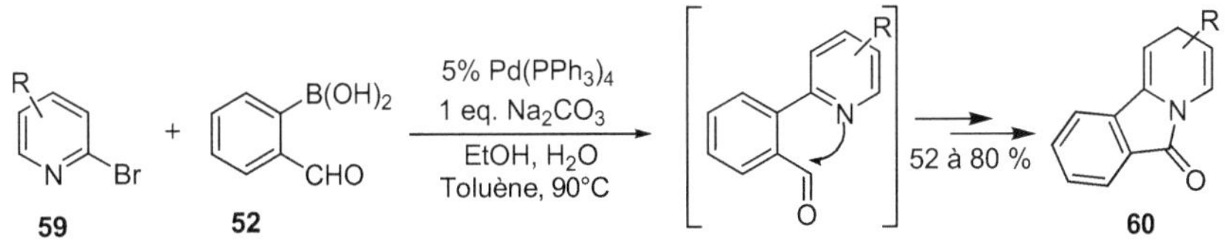

Schéma 63 : Réactivité de l'azote pyridinique dans les *o*-(2-pyridyl)benzaldéhydes substitués

Les travaux de F. M. McMillan et ses collaborateurs ont montré que lors de la réaction de la 2-bromopyridine **59** avec l'acide 2-formylphénylboronique **52** dans le cadre d'un couplage de Suzuki, il est possible de former un dimère **84** au lieu de la pyrido [2,1-*a*]isoindolone (Schéma 64).[85] Ces mêmes auteurs ont proposé un mécanisme en se basant sur les travaux effectués dans notre laboratoire. L'isoindolone **60** réagit sur elle-même pour

---

[83] Abe, Y.; Ohsawa, A.; Igeta, H. *Heterocycles* **1982**, *19*, 49.
[84] McMillan, F.; McNab, H.; Reed, D. *Tetrahedron Lett.* **2007**, *48*, 2401.
[85] Ohsawa, A.; Abe, Y.; Igeta, H. *Bull. Chem. Soc. Jpn* **1980**, *53*, 3273.

conduire à l'intermédiaire **85** qui après déshydratation et ouverture conduit à **86**. Une protonation génère finalement le dimère **84**.

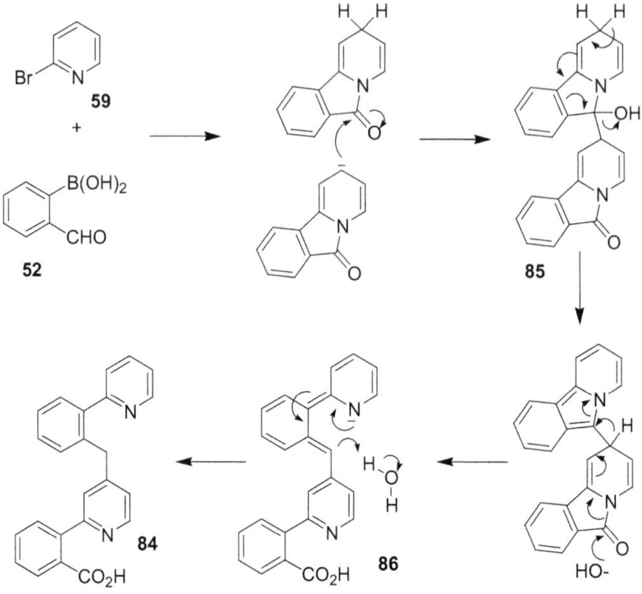

Schéma 64 : Dimérisation de la pyrido [2,1-*a*]isoindolone **60**

Il est à noter que l'attaque de l'aldéhyde par l'azote pyridinique peut être sensible à des effets électroniques, géométriques ou d'encombrement stérique. En effet, l'o-(2-pyridyl)benzaldéhyde **57** portant un chlore en position 6 ou le composé **87** portant une fonction carboxylique (effet électronique ou d'encombrement), ainsi que le composé ferrocénique **88** (effet géométrique) n'ont pas conduit aux pyrido[2,1-*a*] isoindolones (Schéma 65).

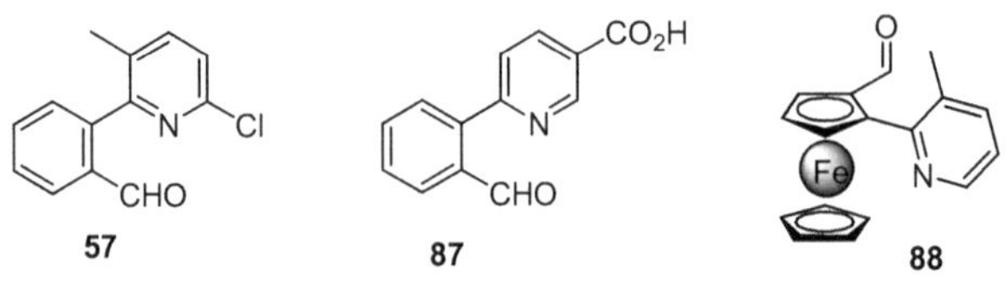

Schéma 65 : Exemples d'*o*-(2-pyridyl)benzaldéhydes stables

Avec ces brefs rappels bibliographiques, nous avons voulu démontrer qu'il sera sans doute difficile d'isoler le *bis*-aldéhyde **A**. Toutefois, en jouant sur les effets stériques et électroniques, nous pouvons espérer isoler un produit analogue. Dans les sous-chapitres suivants, nous listerons toutes les méthodes testées afin d'isoler le *bis*-aldéhyde **A** ou un de ses analogues substitués.

1.2.1- Déprotection de l'acétal 90

Dans un premier temps, nous avons protégé la fonction aldéhyde pour éviter l'attaque par l'azote pyridinique. Afin d'accéder au composé **90**, un couplage pallado-catalysé de Negishi impliquant le composé zincique aromatique **89** et le dérivé pyridinique **81** permet la synthèse de l'acétal avec un rendement de 80 %. Plusieurs méthodes de déprotection de la fonction acétal ont échoué pour accéder au *bis*-aldéhyde **A**. Notons qu'on isole l'ester **91** lors de l'utilisation de l'acide *p*-toluènesulfonique (*p*-TSA) pour libérer l'aldéhyde (Schéma 66).

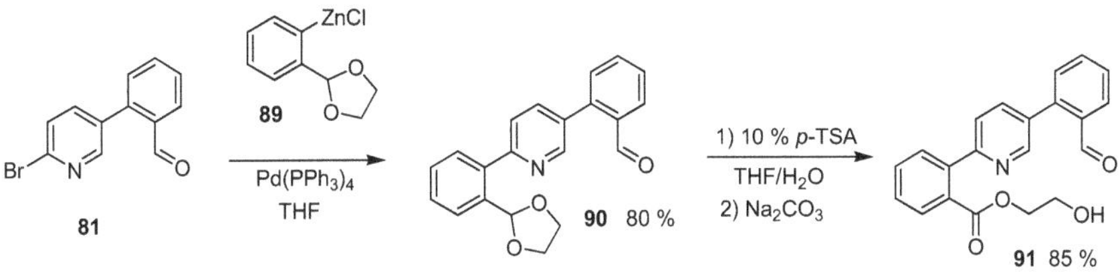

Schéma 66 : Formation inattendue de l'ester **91**

Ce résultat était inattendu sachant que la formation d'ester **93** à partir de l'acétal **92** est connue dans la littérature[86] Et nécessite un milieu oxydant (O_2, $KMnO_4$, …) (Schéma 67).

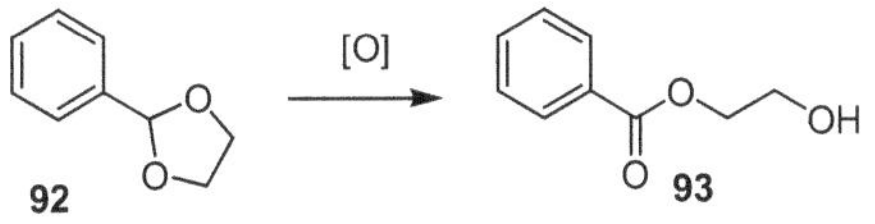

Schéma 67 : Formation de l'ester **93** en milieu oxydant

D'autre part, la formation de l'ester est surprenante dans notre cas sachant que récemment, des travaux effectués au laboratoire ont montré l'efficacité de cette stratégie.[69] En effet, la déprotection de l'acétal **94** en présence de *p*-TSA dans du THF libère l'aldéhyde qui subit l'attaque nucléophile de l'azote pour conduire au composé **95**. Ce dernier, en présence de $NaHCO_3$ génère le composé **55** avec un rendement global de 37 % (Schéma 68).

---

[86] (a) Chen, Y.; Wang, P. G. *Tetrahedron Lett.* **2001**, *42*, 4955. (b) Espenson, J. H.; Zhu, Z.; Zauche, T. H. *J. Org. Chem.* **1999**, *64*, 1191.

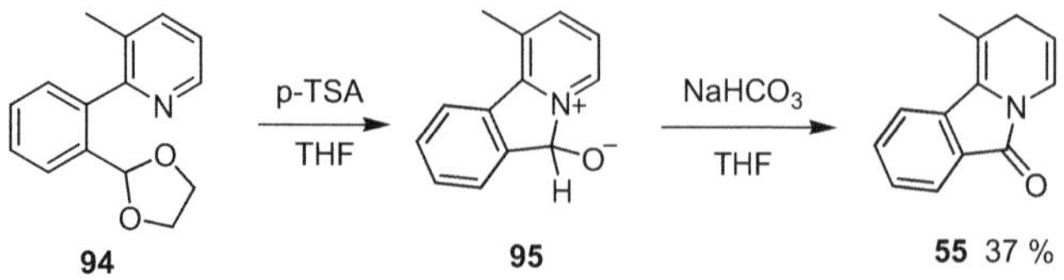

Schéma 68 : Déprotection de l'acétal **94**

1.2.2-Oxydation de l'alcool

L'échec de la stratégie précédente nous a conduit à envisager une autre stratégie basée sur l'oxydation de l'alcool correspondant pour obtenir le *bis*-aldéhyde **A**. A ce stade, l'acide boronique hémiester **96** a été couplé avec le carbone 2 de la pyridine **81** dans les conditions classiques en présence de Pd(PPh$_3$)$_4$. On isole le produit **97** avec un rendement de 70 %. Différentes méthodes pour oxyder l'alcool **97** ont été testées mais ont toutes échouées (Schéma 69). En effet, l'alcool ne réagit pas lors de l'utilisation de TEMPO comme agent d'oxydation.[87] Par contre lorsqu'on utilise les conditions d'oxydation de Swern,[88] le produit de départ se transforme totalement pour donner un mélange qui n'a pu être identifié

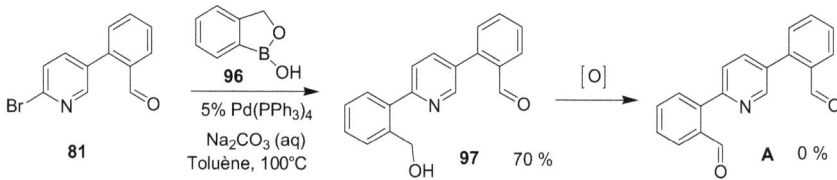

Schéma 69 : Tentative d'isolement de l'intermédiaire **A** par oxydation

1.2.3- Réduction de la nucléophilie de l'azote pyridinique

Dans notre hypothèse mécanistique, l'intermédiaire **A** étant instable en raison de la forte nucléophilie de l'azote pyridinique qui attaque l'aldéhyde pour former l'intermédiaire **B**, nous avons envisagé différentes voies indirectes pour y accéder et démontrer son implication dans la cascade. En effet, nous avons ensuite montré qu'il était possible d'isoler cet intermédiaire par le fait de réduire sa nucléophilie en insérant un aryle en position 6 de la pyridine. Ce résultat devrait nous permettre de comprendre le mécanisme sans ambiguïté.

---

[87] Miller, R. A.; Hoerrner, R.S. *Org. Lett*, **2003**, 285.
[88] Mancuso, A. J.; Swern, D. *Synthesis* **1981**, 165.

Afin d'introduire un aryle en position 6 de la 5-bromo-2-chloropyridine, il est nécessaire d'avoir un halogène en position 6 plus réactif que le brome en 5. Pour cela, nous avons envisagé d'utiliser la 5,6-dibromo-2-chloropyridine comme produit de départ qu'il nous a fallu préparer au préalable.

La préparation de la 5,6-dibromo-2-chloropyridine **100** a été réalisée en deux étapes à partir d'un produit commercial : la 2-amino-6-bromopyridine **98** (Schéma 70). En présence d'un équivalent de NBS dans du DMF à température ambiante, nous avons inséré un brome sélectivement en position 5 pour accéder à la 2-amino-5,6-dibromopyridine **99**. Ensuite un traitement du mélange réactionnel dans de l'eau froide permet d'isoler le produit par une simple filtration avec un rendement de 80 %. Ce dernier, dans les conditions de Sandmeyer permet le remplacement de l'amine par un chlore et libère la pyridine **100** avec un rendement de 46 %. La présence de sel de cuivre(I) n'est pas nécessaire voire préduciable puisque le produit souhaité a été obtenu avec un meilleur rendement de 70 %.[89]

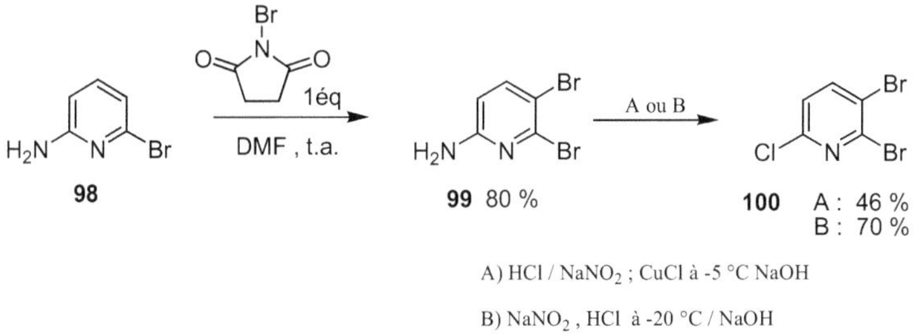

A) HCl / NaNO$_2$; CuCl à -5 °C NaOH
B) NaNO$_2$, HCl à -20 °C / NaOH

Schéma 70 : Préparation de la pyridine **100**

Ainsi, la pyridine **100** a ensuite été couplée avec un équivalent d'acide phénylboronique **101** en présence de Pd(PPh$_3$)$_4$ pour accéder à la pyridine **102** substituée par un phényle en position 6 avec un rendement de 92 % (Schéma 71).

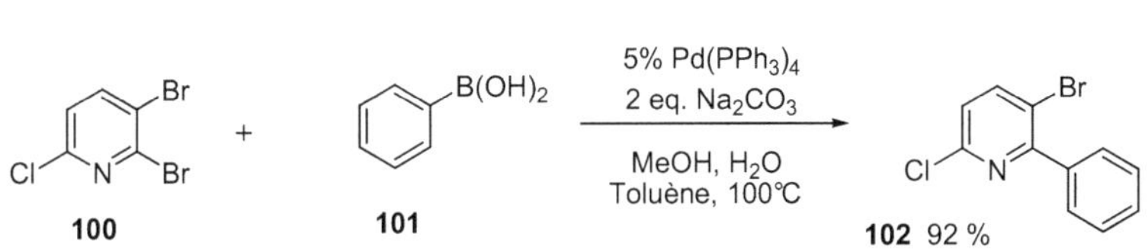

Schéma 71 : Préparation de la pyridine **102**

---

[89] Cheng, J.; Xu, L.; Stevens, E. D.; Trudell, M. L. *J. Het. Chem.* **2004**, *41*, 569.

Nous avons ensuite impliqué la pyridine **102** dans une réaction de couplage de Suzuki pallado-catalysé avec un excès d'acide boronique **52** en espérant produire le *bis*-aldéhyde souhaité (Schéma 72). Nous avons alors obtenu le bis-aldéhyde comme produit majoritaire avec un rendement de 61 % et le pentacyle fluorescent **104** avec un faible rendement de 15 %.

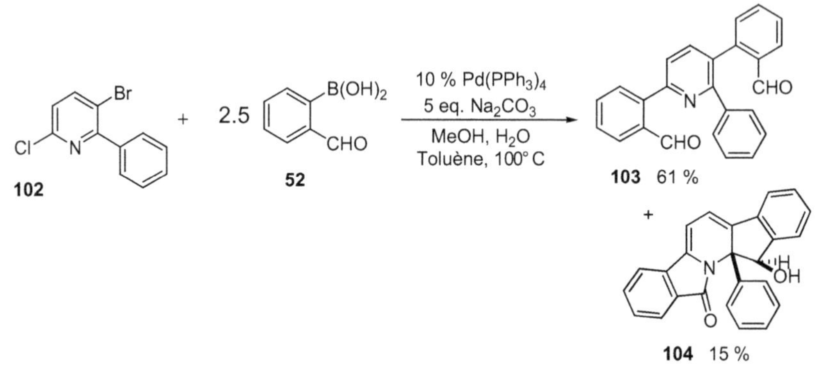

Schéma 72 : Obtention du bis-aldéhyde **103**

Le *bis*-aldéhyde **103** parait très intéressant puisqu'il confirme notre hypothèse mécanistique d'autant plus qu'il est formé en même temps que le pentacycle **104**. Pour lever toute ambiguité, le bis-aldéhyde a été réinjecté dans la réaction cascade ce qui a conduit à la formation du pentacycle correspondant **104** (voir plus loin). Ainsi, nous pouvons conclure que le *bis*-aldéhyde **A** est bien un intermédiaire potentiel du processus cascade.

1.3- Explication de la première cyclisation

Nous avons proposé dans le mécanisme de la réaction cascade que l'intermédiaire **A** est en équilibre avec l'intermédiaire **B** (Schéma 73). Nous avons donc cherché à montrer la possibilité de cette transformation.

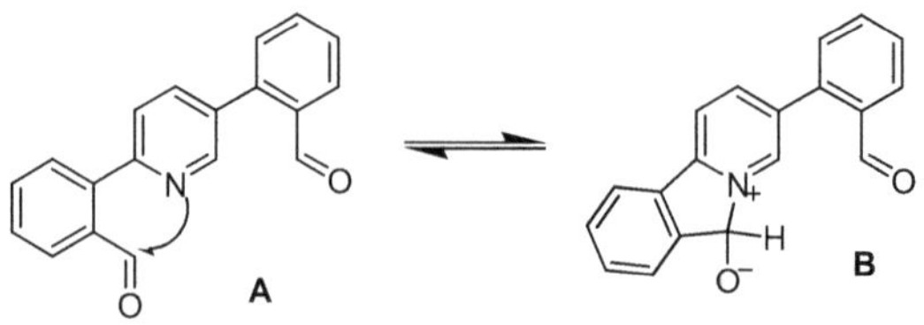

Schéma 73 : Première cyclisation

Différentes méthodes pour isoler le sel correspondant **B**, identiques à celles utilisées avec **B'** représentées ci-dessous, ont été testées mais ont toutes échoué. En effet, nous avons montré précédemment que le *bis*-aldéhyde **A** est très réactif en raison de l'attaque nucléophile de l'azote pyridinique. En nous basant sur des travaux similaires effectués au laboratoire[69] ou dans la littérature,[84] nous avons donné une explication pour cette transformation.

Comme nous l'avons vu précédemment, Igeta et *coll.* ont isolé le sel de chlorhydrate **105** qui permet de montrer que l'étape primaire du processus était l'attaque intramoléculaire de l'aldéhyde par l'azote pyridinique dans l'intermédiaire clé **A'** pour former l'intermédiaire **B'** (Schéma 74). Afin de confirmer ce résultat, des travaux effectués au laboratoire ont montré que l'hydrolyse de l'acétal **94** en présence de *p*-TSA conduit quantitativement au sel de *p*-toluènesulfonate **106**.

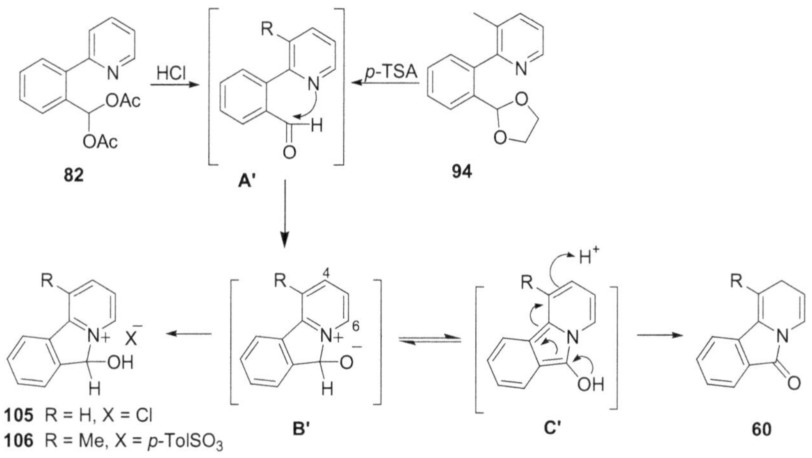

Schéma 74 : Passage par un pyridinium

La suite du processus consiste en une énolisation du sel **B'** en un composé hydroxyle hypothétique **C'**. Ce dernier subit une isomérisation pour conduire à un système π-conjugué plus stable qui après piégeage d'un proton du milieu réactionnel génère la pyrido[2,1-*a*] isoindolone **60** (Schéma 74). De la même manière, une énolisation de l'intermédiaire **B** pourrait conduire à l'intermédiaire **C** (Schéma 75).

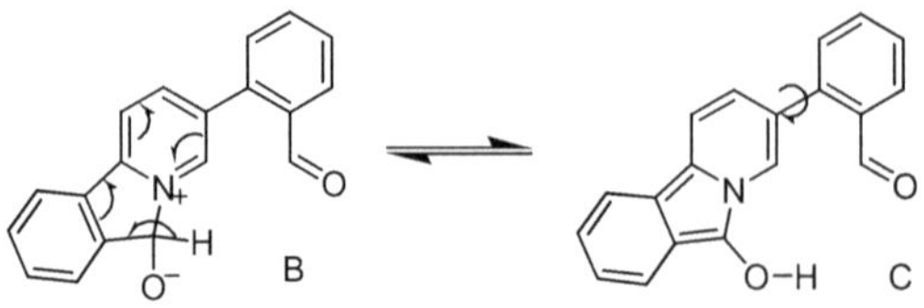

Schéma 75 : Isomérisation de l'intermédiaire **B**

1.4- Etude expérimentale et théorique de la deuxième cyclisation du processus

Nous avons utilisé une approche mixte expérimentale et théorique pour confirmer cette étape clé dans le mécanisme de la réaction et pour décrire la deuxième cyclisation régio- et diasteréoselective.

1.4.1- Approche expérimentale

De la même manière qu'avec la pyrido[2,1-*a*] isoindolone **60**, l'isomérisation de l'intermédiaire conduit au piégeage de l'aldéhyde qui agit comme électrophile interne. Il faut noter que le benzaldéhyde est en libre rotation autour de la liaison C-C, ce qui donne la possibilité d'une attaque de l'aldéhyde en position 4 pour conduire au composé **72** ou en position 6 pour générer le composé **72'** (Schéma 76).

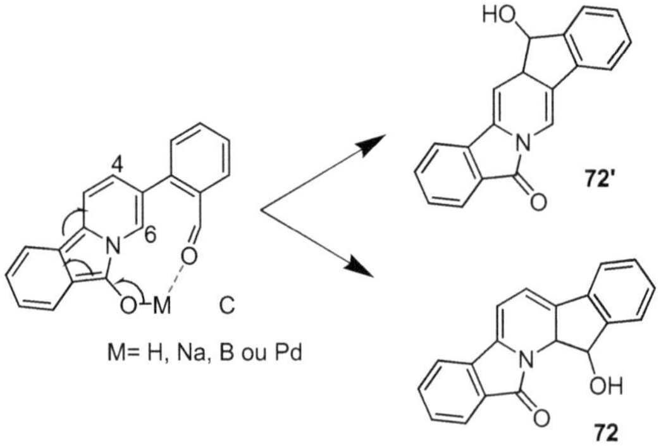

Schéma 76 : Régiosélectivité de la deuxième cyclisation

Il est important de noter que l'on obtient qu'un seul isomère **72** pendant la réaction cascade. Nous avons déjà présenté dans le chapitre II (Figure 11), le spectre RMN ^{1}H du mélange réactionnel montrant qu'il n'y a pas formation d'autres isomères.

Les régio- et diastéréo-sélectivités observées sont probablement le résultat d'une chélation interne entre les deux atomes d'oxygène de l'intermédiaire **C**. En effet, plusieurs composants du mélange réactionnel peuvent être proposés pour aider la chélation interne, y compris l'hydrogène, le sodium, le bore et le palladium.

Dans le but de déterminer les paramètres influençant la deuxième cyclisation et afin de confirmer la stéréosélectivité de la molécule, nous avons testé la cyclisation du *bis*-aldéhyde **103** en utilisant séparément les différents réactifs intervenant dans la réaction cascade pour donner le composé fluorescent **104** (Tableau 1).

Dans un premier temps, nous avons cherché à savoir si le produit fluorescent était observé en CCM. D'après le tableau 1, il apparait que la présence de la base est déterminante dans la formation du produit fluorescent (entrée 3 et 8). Le palladium(II) n'a aucun rôle dans la cascade puisqu'il inhibe la cyclisation (entrées 6, 7). Par contre, le palladium(0) pourrait avoir un rôle dans la réaction mais seulement en présence de base (entrée 1 et 2).

Afin de mieux comprendre le rôle du palladium dans la réaction cascade, nous avons isolé le produit fluorescent (entrée 1 et 3) et nous avons noté un meilleur rendement de 78% en présence de Pd(0) par rapport à un rendement de 20 % en son absence. On peut conclure que la présence du palladium(0) dans un milieu réactionnel basique, système Pd(0)/base, est indispensable puisqu'il rend la cyclisation plus efficace (probablement par chélation de l'intermédiaire **C**).

Tableau 1: Paramètres influençant la deuxième cyclisation

Test	Catalyseur	Base	Solvant	H_2O	Résultat
1	$Pd(PPh_3)_4$	Na_2CO_3	Toluène	oui	Produit fluorescent
2	$Pd(PPh_3)_4$	-	Toluène	non	Produit de départ
3	-	Na_2CO_3	Toluène	oui	Produit fluorescent
4	-	-	Toluène	oui	Produit de départ
5	-	-	Toluène	non	Produit de départ
6	$PdCl_2$	Na_2CO_3	Toluène	oui	Dégradation
7	$PdCl_2$	-	Toluène	non	Dégradation
8	-	K_3PO_4	Toluène	oui	Produit fluorescent

Après avoir apporté une explication sur cette étape du mécanisme et avoir donné une hypothèse sur l'origine de la stéréosélectivité de la molécule, nous avons cherché à confirmer ce mécanisme par des calculs théoriques.

1.4.2- Approche théorique

Afin d'avoir un bon aperçu de la régiosélectivité et la diastéréosélectivité de la réaction et de confirmer nos hypothèses mécanistiques, nous avons effectué les calculs théoriques (DFT), en étroite collaboration avec Emmanuel Aubert (Laboratoire CRM2, Nancy), par la méthode B3LYP 6-311 + G (d, p) pour la dernière étape de cyclisation. L'hydrogène a été pris en compte comme l'atome le plus simple de chélation menant directement, par transfert d'hydrogène, au composé **72** qui présente à l'état cristallin une liaison hydrogène intramoléculaire entre les fonctions cétone et hydroxyle. Toutes les conformations possibles de l'intermédiaire **C** ont été prises en considération (**C-C6 *trans***, **C-C6 *cis***, **C-C4 *trans*** et **C-C4 *cis***). Ils conduisent respectivement au composé **72**, au produit hypothétique cyclisé en C6 avec configuration *cis* (**C6 *cis***) et les produits hypothétiques cyclisés en C4 avec les deux configurations (**C4 *trans*** et **C4 *cis***) (Figure 13).

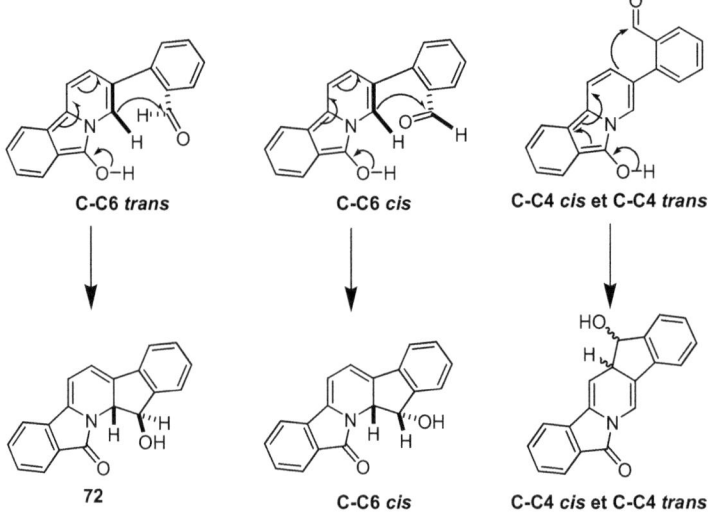

Figure 13 : Conformations possibles pour l'intermédiaire **C** et produits associés

Comme nous le montre les calculs DFT, la cyclisation du produit en position 6 (C6) en phase gazeuse peut être envisagée *via* un transfert de proton intramoléculaire du groupe hydroxyle vers le groupe carboxaldéhyde dans l'intermédiaire **C** (**C-C6 *trans*** et **C-C6 *cis***). Les états de transition potentiels sont caractérisés par une liaison hydrogène forte impliquant les atomes d'oxygène de l'alcool et de l'aldéhyde. En effet, la stabilité du produit final *trans* **72** est plus importante que celle du composé C6 *cis* ($\Delta G_{373\ K}$ = 3,48 kcal mol^{-1}). Par contre l'énergie d'activation dans le cas d'une configuration *trans* est plus faible que celle d'une configuration *cis* ($\Delta\Delta^{\ddagger}G_{373\ K}$ = 8,20 kcal mol^{-1}). Ces résultats ont tendance à favoriser la diastéréosélectivité observée du pentacycle. En outre, il n'y a pas de possibilité d'un transfert de proton intramoléculaire lorsque la cyclisation est tentée en position 4 de l'intermédiaire **C**, c'est-à-dire qu'il n'y a pas de chemin réactionnel observé entre **C-C4*cis* (*trans*)** et **C4*cis* (*trans*)**. Notons également que les différences d'énergie de **C4*cis*** et **C4*trans*** par rapport au composé **72** sont de 5,56 et 4,82 kcal mol^{-1} respectivement. Ils seraient donc moins stables que le pentacycle **72** ce qui nous permet d'expliquer la régiosélectivité observée (Figure 14).

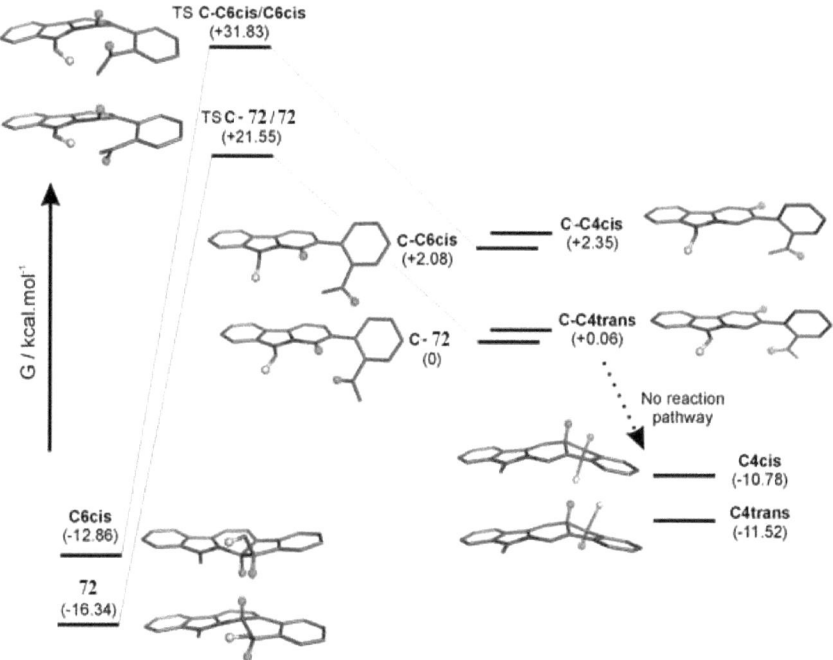

Figure 14 : Le profil énergétique de la dernière étape de cyclisation affiche les produits de cyclisation en C6 et C4, ainsi que l'intermédiaire **C** correspondant et les états de transition associés aux structures (TS). Les énergies libres (à 373 K) sont données en kcal mol^{-1}. Par soucis de clarté, les atomes d'hydrogène sont omis sauf ceux impliqués dans l'état *trans* (en vert) et dans la liaison hydrogène intramoléculaire. Tous les calculs ont été effectués avec la méthode B3LYP 6-311 + G (d, p).

1.5- Mécanisme proposé pour la réaction cascade

Compte tenu de l'ensemble des données décrites ci-dessus, nous proposons un mécanisme qui résume et combine les observations expérimentales et les résultats obtenus par calculs théoriques.

Après un double couplage de Suzuki sur les positions 5 puis 2 de la 2-chloro-5-bromopyridine, l'intermédiaire **A** serait obtenu. Après attaque nucléophile de l'azote pyridinique sur l'aldéhyde, l'intermédiaire **B** serait formé. Ensuite, un transfert de proton du carbone à l'oxygène suivi d'une délocalisation électronique permet d'avoir l'intermédiaire **C**. Enfin, une deuxième cyclisation entre la position 6 de la pyridine et l'aldéhyde qui est en libre rotation conduirait au système pentacyclique. D'après les calculs DFT, il apparaît qu'une forte liaison hydrogène entre l'aldéhyde et la fonction alcool de l'intermédiaire réactionnel **C** permet d'expliquer à la fois la régio- et la diastéréosélectivité de la réaction (Schéma 77).

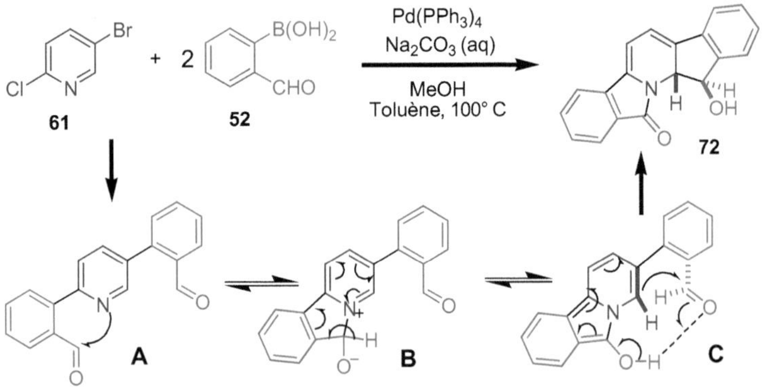

Schéma 77 : Mécanisme proposé pour la réaction cascade

2 - Optimisation de la réaction

Avant d'étendre le champ d'application de cette réaction cascade, il était important d'améliorer les rendements réactionnels souvent compris entre 30 et 60 %. Tous les paramètres de la réaction (catalyseur, base, ligand, solvant et température) ont été variés dans le but de trouver de nouveaux systèmes catalytiques efficaces pour cette cascade et au final d'en augmenter le rendement.

A partir du système initial (10 % $Pd(PPh_3)_4$, 5 éq Na_2CO_3, toluène, MeOH, H_2O), nous avons d'abord fait varier la nature et la quantité de la base. Nous avons utilisé deux autres bases : $NaHCO_3$ et CsF. Nous avons fait varier le nombre d'équivalents pour chaque base de 2 à 5 équivalents pour Na_2CO_3 et de 4 à 10 équivalents pour $NaHCO_3$ et CsF.

D'après les analyses GC-MS et RMN du proton, nous avons trouvé que Na_2CO_3 reste la meilleure base. En effet, le produit de mono-couplage **80** réagit complétement en présence de Na_2CO_3. Une quantité non négligeable du produit **80** a été observée en présence de $NaHCO_3$. Avec CsF comme base, le produit fluorescent **72** a été obtenu en très faible quantité.

Nous avons également trouvé qu'avec Na_2CO_3 comme base, le meilleur résultat a été obtenu avec 5 équivalents. Nous avons également noté un effet important de la concentration de la base en solution aqueuse. En effet, la concentration optimale en Na_2CO_3 a été de 2.5M. Nous avons dans ce cas isolé le produit fluorescent **72** avec un rendement de 70 % sachant que le rendement était de 57 % de la réaction en utilisant 5 équivalents avec une concentration en Na_2CO_3 de 1M.

Afin de confirmer ce résultat, nous avons utilisé ces meilleures conditions (5 equiv. Na_2CO_3, 2.5M dans H_2O) pour effectuer la réaction sur 0.5 g de produit de départ. Dans ce cas, nous avons obtenu un rendement plus faible de 55 %. On note de plus la formation d'un produit vert foncé provenant de la dégradation probable du produit fluorescent dès sa formation dans le mélange réactionnel. Nous avons alors engagé du produit fluorescent pur **72** dans les conditions de la réaction (Na_2CO_3, toluène-méthanol-H_2O) à reflux pendant 2 heures. L'analyse RMN de proton nous a confirmé qu'il y a transformation progressive du produit en un produit vert qui proviendrait d'une déshydratation. Nous avons alors réalisé la déshydratation totale qui a conduit à un produit très vert foncé **110** et complètement plan comme le montre une structure par diffraction des rayons X (Schéma 78). L'analyse GS-MS nous a permis de confirmer le pic moléculaire de **72** moins 18 unités de masse (perte d'une molécule d'eau), ce qui confirme notre hypothèse que le produit vert est en réalité un produit de déshydratation. Il faut tout de même noter que cette déshydratation doit être lente dans les conditions de la réaction cascade car l'hydrogène et l'hydroxyle sont en *syn* l'un de l'autre. On peut supposer une élimination sélective du produit **72** (avec H et OH en *trans*) ce qui expliquerait la diastéréosélectivité *trans* élevée lors de la réaction cascade.

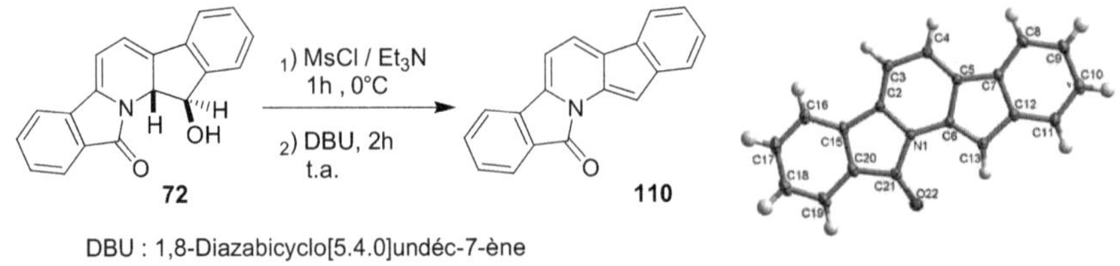

Schéma 78 : Synthèse du produit de déshydratation

Compte tenu des résultats obtenus avec Pd(PPh$_3$)$_4$, nous avons utilisé d'autres systèmes catalytiques. Par exemple, le système de Fu (5% Pd$_2$(dba)$_3$, 9.6 % PCy$_3$, 3.4 éq K$_3$PO$_4$, dioxane, H$_2$O, 100°C) a donné le produit fluorescent **72** avec un rendement de 29 %. Notons qu'avec ce système, une forte dégradation a été observée comme l'indique la formation de produit vert de déshydratation.

Plusieurs autres systèmes palladés ont été testés dans lesquels nous n'avons pas obtenu les résultats souhaités. Nous avons notamment utilisé le système décrit par Wolfe et *coll.*[90] (5 % Pd(OAc)$_2$, 10 % XPhos, 6 éq KF, THF anhydre, t. a., 3 h). Ils ont noté qu'il est possible d'utiliser K$_3$PO$_4$ au lieu de KF et de chauffer le milieu réactionnel. Le premier essai à température ambiante n'a pas abouti au produit fluorescent. Ce dernier a été observé en chauffant à 65 °C. Ce premier résultat nous a encouragés à optimiser tous les paramètres de ce système (Schéma 79). En se basant sur les analyses GC-MS, RMN du proton et CCM, nous avons réalisé différents essais.

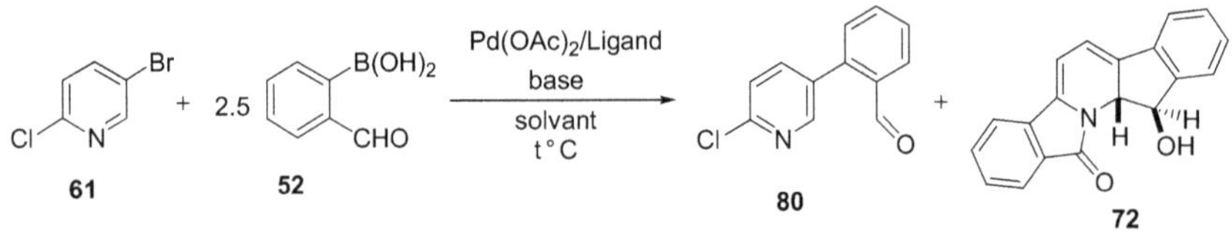

Schéma 79 : Les différents paramètres de la réaction cascade avec le Pd(OAc)$_2$

Tout d'abord, nous avons fait varier la nature de la base en utilisant KF, K$_2$CO$_3$, K$_3$PO$_4$ et Na$_2$CO$_3$. Le meilleur résultat a été obtenu avec K$_3$PO$_4$ comme nous le montre le tableau 2.

---

[90] Wolfe, J. P.; Singer, R. A.; Yang, B. H.; Buchwald, S. L. *J. Am. Chem. Soc.* **1999**, 121, 9550.

Tableau 2 : Effet de la base sur la cascade

Entrée	Base (éq.)	72:80
1	KF (6)	~1:3
2	K$_2$CO$_3$ (6)	~1:1
3	**K$_3$PO$_4$ (4)**	**~2:1**
4	Na$_2$CO$_3$ (6)	~1:2

$$61 + 2.5\ 52 \xrightarrow[\text{base}]{\substack{\text{Pd(OAc)}_2/\text{X Phos} \\ 5\%\ (1:2) \\ \text{THF}/70\,°\text{C}}} 72 + 80$$

Dans l'étape suivante, nous avons utilisé K$_3$PO$_4$ comme la meilleure base et nous avons fait varier la nature du ligand. Aucun autre ligand n'a été plus efficace que le XPhos (Tableau 3). En effet, avec SPhos, Cy$_3$P et t-Bu$_3$P nous obtenons plus du produit intermédiaire **80** que du pentacycle **72**.

Tableau 3 : effet du ligand sur la cascade

Entrée	Ligand	72:80
1	S Phos	~1:3
2	**X Phos**	**~2:1**
3	PCy$_3$	~1:2
4	P(t-Bu)$_3$	~1:3
5	P(t-Bu)$_3$	~1:2

$$61 + 2.5\ 52 \xrightarrow[\substack{\text{K}_3\text{PO}_4\ (4\ \text{eq}) \\ \text{THF}/70\,°\text{C}}]{\substack{\text{Pd(OAc)}_2/\text{Ligand} \\ 10\%\ (1:2)}} 72 + 80$$

Nous avons ensuite changé le rapport et la quantité du système catalytique Pd(OAc)$_2$ / XPhos. Le meilleur système était 5 % avec un rapport de 1 : 1 (Tableau 4). Dans ce cas, il y avait une conversion totale du produit **80** au pentacycle **72**. Il est à noter que l'augmentation de la quantité catalytique n'a pas été nécessaire (comparer entrées 3 et 4).

Tableau 4 : effet du du ratio Pd/Ligand

Entrée	Ratio Pd/L	72:80
1	10 % (1:2)	~3:1
2	5 % (1:2)	~3:1
3	10% (1:1)	~95:5
4	**5 % (1:1)**	**~95:5**

$$61 + 2.5\ 52 \xrightarrow[\substack{\text{K}_3\text{PO}_4\ (4\ \text{eq}) \\ \text{THF}/70\,°\text{C}}]{\substack{\text{Pd(OAc)}_2/\text{X Phos} \\ \%\ (\text{Pd/L})}} 72 + 80$$

Un autre paramètre a été modifié : le solvant. Le DMF a donné seulement le produit **80** (entrée 1). Notons que le dioxane a donné un résultat remarquable comparable à celui du THF (Tableau 5).

Tableau 5 : effet du solvant sur la cascade

Entrée	Solvant	72:80
1	DMF	~5:95
2	**THF**	**~95:5**
3	**Dioxane**	**~95:5**
4	DME	~2:1
5	Toluène	~1:3

$$61 + 2.5\ 52 \xrightarrow[\substack{\text{K}_3\text{PO}_4\ (4\ \text{eq}) \\ \text{Solvant}/70\,°\text{C}}]{\substack{\text{Pd(OAc)}_2/\text{X Phos} \\ 5\%\ (1:1)}} 72 + 80$$

La température était l'un des facteurs le plus important dans la cascade (Tableau 6). À température ambiante le pentacycle **72** a été obtenu en faible quantité (entrée 1) avec beaucoup de produit **80**. L'entrée 4 (70 °C) donne le pentacycle **72** par contre l'augmentation de la température ne donne aucune amélioration et conduit à plus de dégradation (entrée 5).

Tableau 6 : effet de la température sur la cascade

Entrée	T (°C)	72:80
1	25	~1:3
2	40	~1:3
3	60	~2:1
4	70	~95:5
5	80	~95:5

$$\mathbf{61} + 2.5\ \mathbf{52} \xrightarrow[\text{THF}/\ t\,°C]{\substack{\text{Pd(OAc)}_2/\text{X Phos} \\ 5\%\ (1{:}1) \\ \text{K}_3\text{PO}_4\ (4\ eq)}} \mathbf{72} + \mathbf{80}$$

Finalement, la quantité de K_3PO_4 a été variée de 2, 4 et 6 équivalents. 4 équivalents ont été suffisants pour que la cascade soit totale.

En résumé, les conditions optimales pour la réaction cascade (5% $Pd(OAc)_2$, 5% XPhos, 4 equiv K_3PO_4, THF ou dioxane, 70 °C, 3 h) nous ont permis d'obtenir le pentacycle avec un rendement de 70 %. Notons que la réaction a besoin d'un minimum d'eau que l'on peut rajouter (20 µL/mmol) ou bien utiliser du K_3PO_4 en poudre broyé sous atmosphère ambiante (produit hygroscopique).

3- Conclusion

Dans un premier temps, nous avons étudié le mécanisme d'une façon détaillé et nous avons pu également isoler les intermédiaires clés en particulier le bis-aldéhyde. Ce dernier nous a permis d'identifier les différents paramètres qui influencent la deuxième cyclisation de la cascade. De plus, la connaissance du mécanisme de la réaction devrait nous permettre d'identifier de nouveaux groupements électrophiles fonctionnels potentiellement compatibles ou pouvant participer dans le processus cascade.

Dans un second temps, une optimisation du système classique $Pd(PPh_3)_4$ a été effectuée montrant une dégradation du pentacycle à haute température, ce qui favorise la formation du produit de déshydratation et d'autres produits secondaires. Un autre système catalytique très efficace et rapide a été optimisé : $Pd(OAc)_2$ / XPhos.

L'étude du mécanisme de la cascade et l'optimisation du système catalytique de la réaction devraient nous permettre dans le chapitre suivant de moduler aisément les substituants autour du pentacycle.

Chapitre IV : Modulation fonctionnelle du chromophore pentacyclique

Dans le but de faire varier le spectre d'absorption du chromophore tout en conservant un rendement quantique de fluorescence élevé, nous avons réalisé plusieurs modifications fonctionnelles sur les différentes positions accessibles du chromophore pentacyclique. Nous désirons ainsi obtenir une famille possédant plusieurs applications dans les domaines biologiques et des matériaux moléculaires.

Pour ce faire, nous avons envisagé de modifier les substrats, c'est-à-dire moduler la 2,5-dihalogénopyridine en position 4 et/ou 6 et l'acide boronique en introduisant des groupements en *para* ou *meta* de l'aldéhyde. Ces modifications sont à l'origine d'une grande famille de pentacycles "symétriques" ou "dissymétriques". De plus, il est possible de changer le groupement aldéhyde par d'autres groupes électrophiles (Schéma 80).

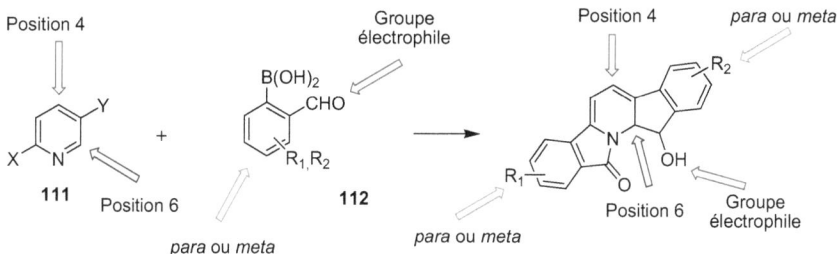

Schéma 80 : Les diverses positions étudiées

Afin de faciliter la discussion, nous introduisons une nomenclature spécifique pour ces molécules pentacycliques fluorescentes. La molécule non substituée sera nommée «**fluopen**» qui a comme origine '**fluo**' de fluorescent et '**pen**' de pentacycle.

1- Modifications apportées en position 4 de la pyridine: Synthèse de fluopen-4-substitués

Dans un premier temps, nous avons considéré que la position 4 de la pyridine est la plus simple à moduler puisqu'à partir de **111** il est facile de réaliser une *ortho*-lithiation en position 4 dirigée par le brome. L'utilisation d'un iode dans cette position nous semblait le plus approprié dans le but d'obtenir une grande variation structurale par l'utilisation de couplages croisés pallado-catalysés.

En effet, la pyridine **61** a été mise en présence de LDA à -100°C pour former le dérivé lithié en position 4 suivi du piégeage par l'iode (Schéma 81).[91] La pyridine trihalogénée **113** a été obtenue avec un rendement de 50 %.

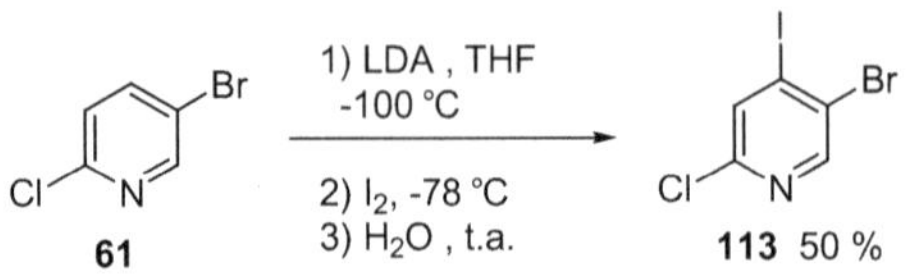

$$\underset{\textbf{61}}{\text{Cl-pyridine-Br}} \xrightarrow[\begin{array}{c}2)\ I_2,\ -78\ °C\\ 3)\ H_2O,\ t.a.\end{array}]{1)\ LDA,\ THF\ -100\ °C} \underset{\textbf{113}\ 50\ \%}{\text{Cl-pyridine(I)-Br}}$$

Schéma 81 : Préparation du composé trihalogéné **113**

1.1- Préparation des pyridines 4-substituées

Nous nous sommes ensuite intéressés à coupler le composé iodé **113** avec différents groupements aromatiques. En premier lieu, nous avons reproduit la méthode classique utilisant le Pd(PPh$_3$)$_4$ entre **113** et un équivalent d'acide phényl-boronique **101** ce qui conduit efficacement à la 5-bromo-2-chloropyridine **114** portant un phényle en position 4 (Schéma 82).

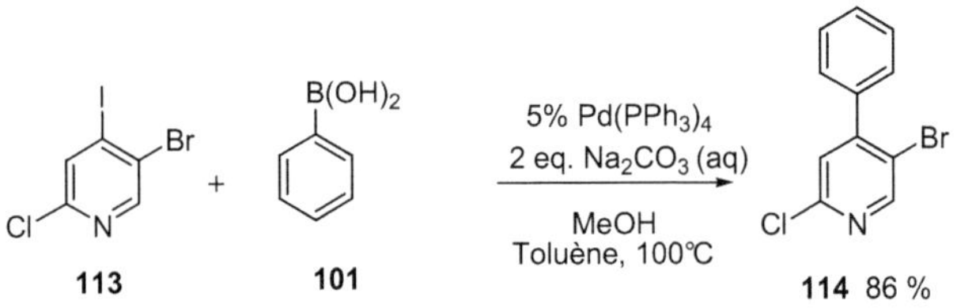

$$\underset{\textbf{113}}{\text{Cl-pyridine(I)-Br}} + \underset{\textbf{101}}{\text{Ph-B(OH)}_2} \xrightarrow[\begin{array}{c}\text{MeOH}\\ \text{Toluène, 100°C}\end{array}]{\begin{array}{c}5\%\ Pd(PPh_3)_4\\ 2\ eq.\ Na_2CO_3\ (aq)\end{array}} \underset{\textbf{114}\ 86\ \%}{\text{Cl-pyridine(Ph)-Br}}$$

Schéma 82 : Préparation du substrat **114**

Nous avons ensuite utilisé d'autres acides boroniques afin de les coupler avec l'iodo-pyridine dans les mêmes conditions. Les résultats ont été décevants. Après avoir essayé plusieurs autres systèmes catalytiques, nous avons trouvé que l'utilisation de PdCl$_2$(dppf)[92] conduit aux résultats les plus satisfaisants. Ce système a ainsi donné accès à différentes pyridines substituées en utilisant l'iodopyridine **113** avec un équivalent d'acide phényl-boronique substitué en présence d'une solution de carbonate de potassium au reflux du dioxane.

Ainsi, nous avons réussi à préparer une série de 5-bromo-2-chloropyridines substituées en position 4 par un groupe phényle **114**, benzaldéhyde **117**, 4-(méthylthio)phényle **118**, 4-

---

[91] Cottet, F.; Schlosser, M. *Tetrahedron* **2004**, *60*, 11869.
[92] Gollner, A.; Koutentis, P. A. *Org. Lett.* **2010**, *12*, 1352.

méthoxyphényle **120**, 4-chlorophényle **121** ou 4-diméthylaminophényle **119** avec des rendements compris entre 56 et 81 % (Schéma 83).

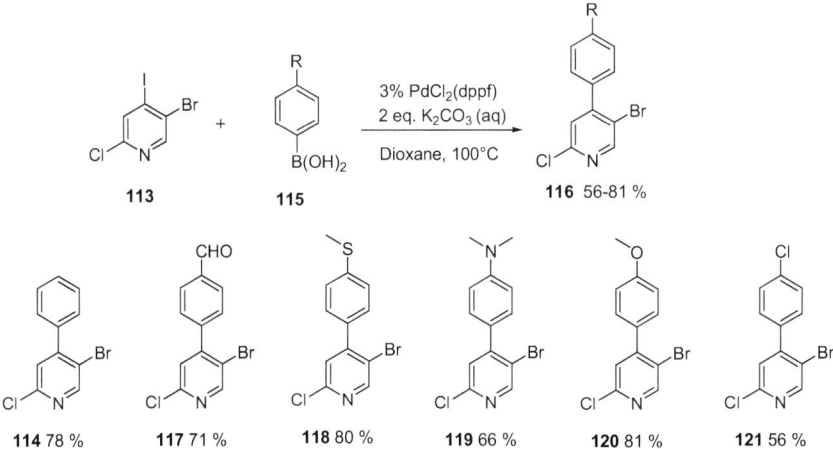

Schéma 83 : Préparation des pyridines substituées en position 4

Il faut noter que certains acides boroniques représentés dans la figure 15 n'ont pas conduit aux produits souhaités.

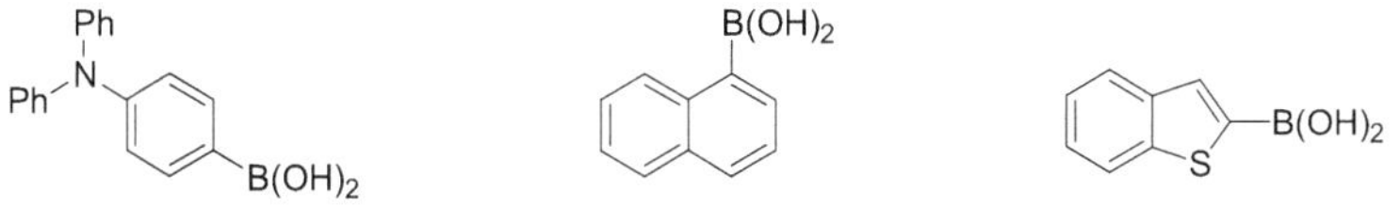

Figure 15 : Acides boroniques utilisés sans succès

Nous avons également réalisé la synthèse d'un autre type de synthon **123** en faisant réagir l'iodo-pyridine **113** avec un équivalent de l'acide *trans*-2-phénylvinylboronique **122**. En effet, nous avons utilisé différents systèmes catalytiques qui ont tous échoués à l'exception du $PdCl_2(PPh_3)_2$. Nous avons utilisé 5 % de $PdCl_2(PPh_3)_2$ en présence d'une solution aqueuse de carbonate de potassium (K_2CO_3) dans le DMF à 100 °C, ce qui nous a permis d'isoler la pyridine souhaitée **123** substituée par un groupement styryle avec un rendement de 52 % (Schéma 84).

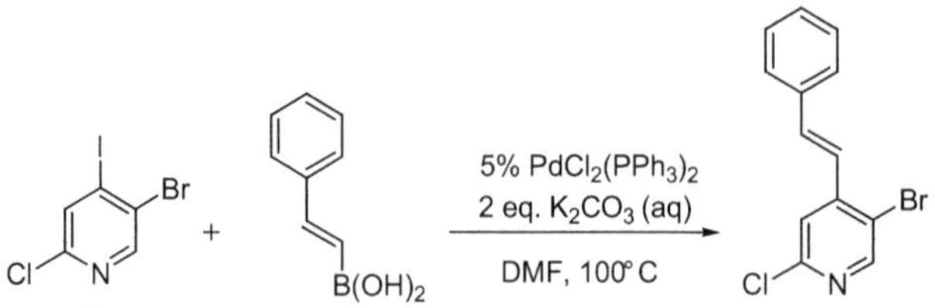

Schéma 84 : Préparation d'un substrat comportant le motif styryle

1.2- Synthèse de fluopen-4-substitués en one-pot

Nous avons ensuite impliqué les différentes 5-bromo-2-chloropyridines substituées dans la réaction cascade en utilisant 10% de Pd(PPh$_3$)$_4$ avec 2.5 équivalents d'acide 2-formyl boronique **52** (Schéma 85, conditions A). Notons que nous avons utilisé pour quelques pyridines les conditions utilisant l'association Pd(OAc)$_2$ / X Phos, préalablement décrites dans le chapitre III (conditions B).

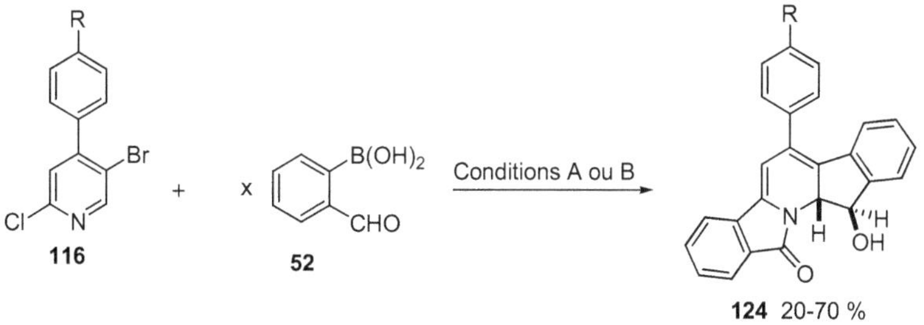

Conditions A: 2.5 eq, 10 % $Pd(PPh_3)_4$, 5 eq. Na_2CO_3, MeOH, H_2O, Toluène, 100°C

Conditions B: 3 eq, 5 % $Pd(OAc)_2$, 5 % X Phos, 4 eq. K_3PO_4, Dioxane, 70° C

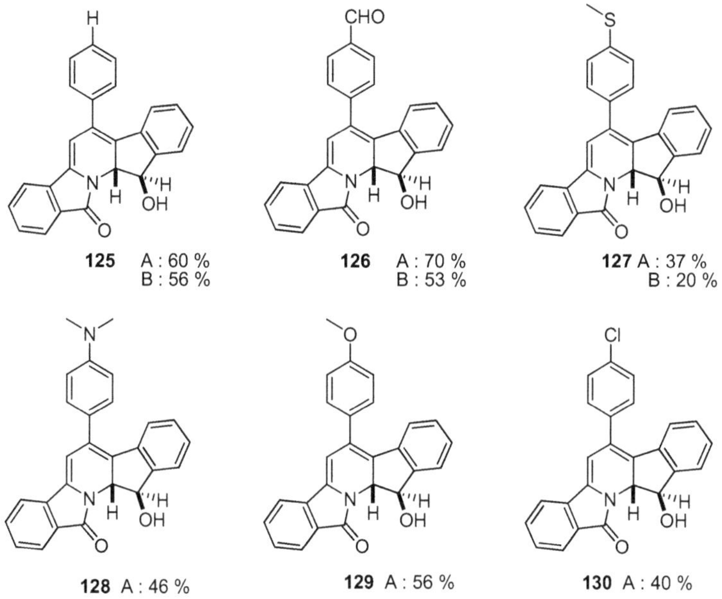

Schéma 85 : Préparation des fluopen-4-substitués

Nous avons alors impliqué les pyridines **116** avec 3 équivalents de l'acide 2-formyl boronique **52** en présence de 5 % de $Pd(OAc)_2$, 5 % du ligand X Phos et 4 équivalents de K_3PO_4 dans le dioxane à 70 °C. Enfin, nous avons isolé les fluopen-4-substitués **124** avec des rendements moyens à satisfaisants mais qui varient aussi selon le système catalytique.

Les rendements sont meilleurs avec le $Pd(PPh_3)_4$ qu'avec $Pd(OAc)_2$ / X Phos pour les trois premiers pentacycles **125**, **126** et **127** présentés dans le schéma 85. Le couplage de la pyridine **123** portant un groupe styryle avec l'acide 2-formyl boronique **52** n'a pas conduit au composé pentacyclique. Nous avons noté que le fluopen-4-(4-chlorophényle) **130**, qui révèle une tache de fluorescence sur la CCM, n'est pas très stable en solution et celui-ci n'a pas pu être caractérisé.

2- Modifications apportées en position 6 de la pyridine: Synthèse de fluopen-6-substitués

Notre objectif a ensuite été de moduler la pyridine en position 6 afin d'avoir des fluopen-6-substitués. Pour envisager une stratégie synthétique, nous avons repris un certain nombre d'éléments mis en évidence dans le cadre de notre approche mécanistique (cf. paragraphe1.4.1, chapitre III). En premier lieu, nous avons vu que le *bis*-aldéhyde est un intermédiaire clé de la cascade. Le couplage de l'entité pyridinique avec l'acide boronique en présence de Pd(PPh$_3$)$_4$, nous a permis d'isoler les *bis*-aldéhydes portant un phényle en position 6 de la pyridine avec un rendement de 61 %. Par ailleurs, nous avons pu également isoler le fluopen avec un rendement de 17 %. Nous avons également montré qu'il est possible d'engager le *bis*-aldéhyde avec du Pd(PPh$_3$)$_4$ et une solution basique à reflux du toluène, ce qui nous a conduit au fluopen **104** avec un bon rendement de 78 % (Schéma 72, Chapitre III).

La présence du palladium était donc nécessaire pour accélérer la réaction (résultats chapitre III). Pour cela, l'utilisation d'un système catalytique efficace plus réactif et plus stable dans le temps pourrait conduire au résultat attendu. Le système catalytique optimisé (Pd(OAc)$_2$ / X Phos) était notre choix. Nous avons donc tenté la cascade en partant de la pyridine **102** avec 5 équivalents d'acide 2-formylboronique en utilisant 5 % de Pd(OAc)$_2$ avec 5 % du ligand X Phos en présence de 7 équivalents de K$_3$PO$_4$ à 70 °C dans le dioxane.

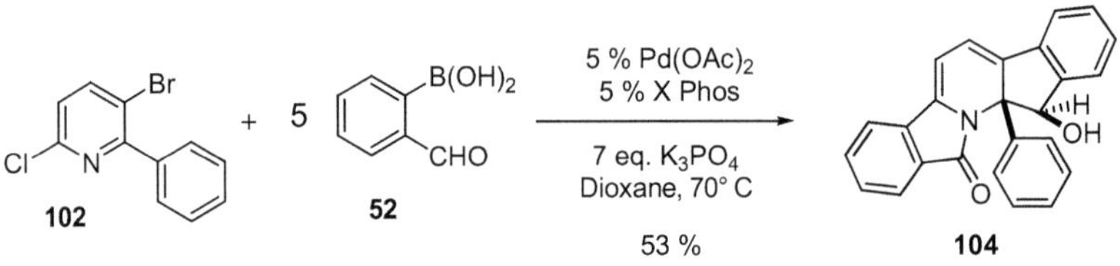

Schéma 86 : Synthèse optimisée du fluopen **104**

Ce système catalytique nous a permis d'obtenir le fluopen **104** avec un bon rendement de 53 % (Schéma 86).

Compte tenu de ces résultats, nous avons envisagé la synthèse d'autres fluopen-6-substitués. Pour cela, il était nécessaire de préparer les substrats adéquats.

2.1- Préparation des pyridines 6-substituées

Dans un premier temps, nous avons engagé la 2,3-dibromo-6-chloropyridine **100** avec différents acides aryl-boroniques **115** en quantités stœchiométriques dans un couplage pallado-catalysé (Schéma 87). Différents substrats ont été isolés avec d'excellents rendements à l'exception du substrat bipyridinique **136** qui n'a été isolé qu'avec un rendement modeste de 35 %.

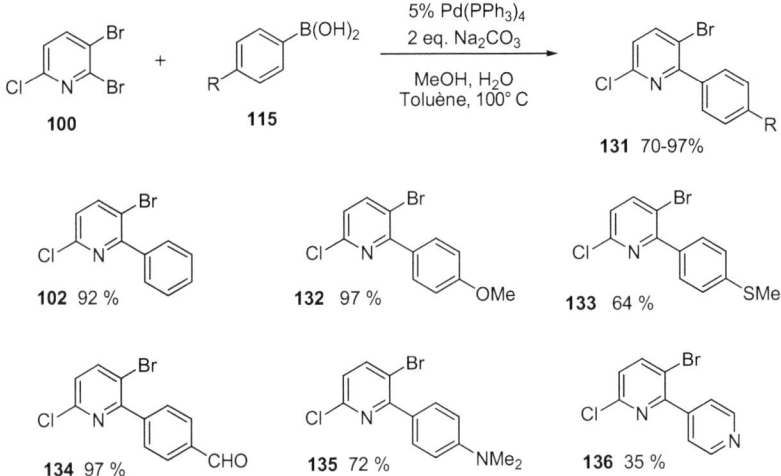

Schéma 87 : Synthèse des pyridines substituées en position 6

2.2- Synthèse one-pot de fluopen-6-substitués

Nous avons utilisé les conditions optimisées de la réaction cascade (Pd(OAc)$_2$ / X Phos). En effet, le couplage pallado-catalysé a été tenté entre les entités pyridiniques et 5 équivalents d'acide 2-formylboronique dans les conditions optimisées de Buchwald (cf. paragraphe 2, chapitre III). Ces conditions nous ont conduits à des fluopens **137** sous forme de solides jaunes très fluorescents avec de bons rendements compris entre 50 et 71 % (Schéma 88). Il est à noter que malgré plusieurs essais, le composé **141** portant le *para*-(diméthylamino)phényl n'a pas donné le résultat souhaité.

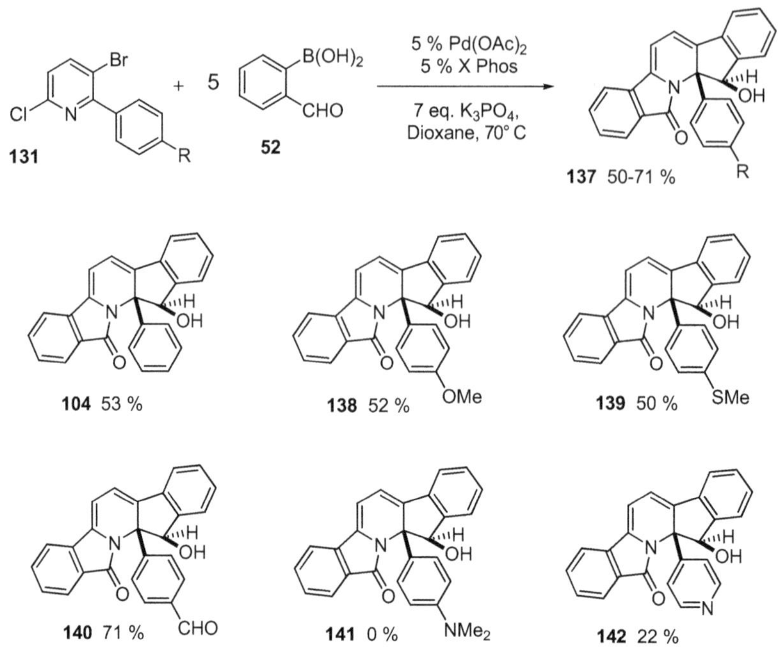

Schéma 88 : Synthèse des fluopen-6-substitués

Le point le plus important qu'il nous a fallu résoudre est la détermination de la stéréosélectivité de la réaction et donc de la conformation des fluopens obtenus. Nous avons obtenu des monocristaux du fluopen **140** et avons déterminé sa structure par DRX (Figure 16). Il apparaît que le cycle aromatique et le groupement hydroxyle sont du même côté du plan. Ce résultat montre que la diastéréosélectivité n'a pas changé par rapport au fluopen-6-méthyle.

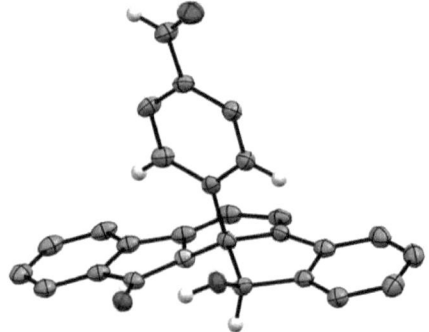

Figure 16 : Structure ORTEP du fluopen **140**

Dans l'optique d'obtenir à la fois un produit présentant une plus grande hydrophilie et une fonction disponible pour la fonctionnalisation de biomolécules par exemple, la fonction aldéhyde du composé **140** a été réduite avec de NaBH$_4$ dans du MeOH. L'alcool correspondant **143** a été obtenu avec un rendement quasi-quantitatif (Schéma 89).

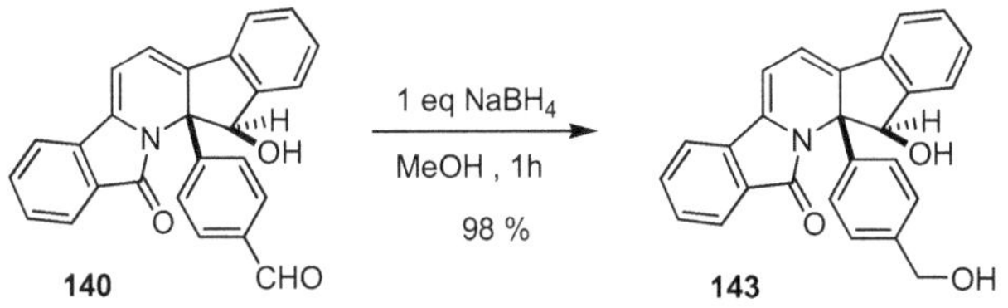

Schéma 89 : Réduction de la fonction aldéhyde du fluopen **140**

Une autre voie de fonctionnalisation de la position 6 a été étudiée en partant du fluopen-6-méthyle. Ce composé a été engagé dans une réaction de bromation radicalaire du méthyle. Grâce à l'emploi de 1.2 équivalent de NBS et en présence d'une quantité catalytique de peroxyde de benzoyle, la réaction a conduit au composé désiré **144** avec un rendement de 65 % (Schéma 90). Une simple substitution nucléophile devrait nous permettre d'accéder à une large série de nouveaux substrats fonctionnalisés en position 6. Par exemple, nous avons fait réagir **144** avec le phénol en présence de K$_2$CO$_3$ dans l'acétonitrile, ce qui a conduit à la pyridine 6- phénoxyméthyle avec un rendement de 86 %.[93]

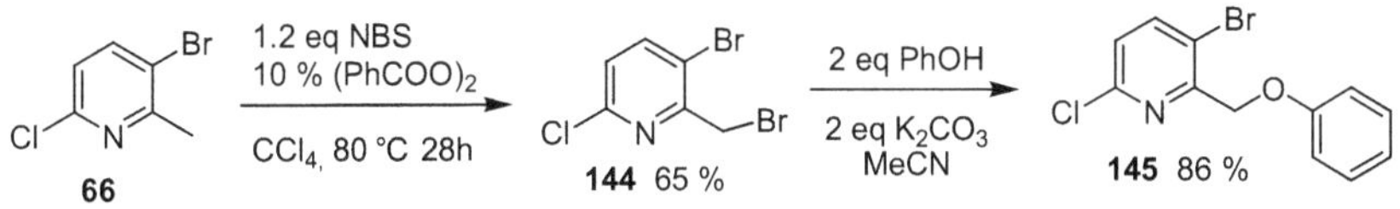

Schéma 90

La pyridine **145** a ensuite été mise en réaction avec l'acide 2-formylbenzèneboronique dans les conditions précédemment présentées pour conduire à un nouveau fluopen **146** avec un bon rendement de 53% (Schéma 91).

---

[93] Lamsa, M.; Kiviniemi, S.; Kettukangas, E.R.; Pursiainen, J.; Rissanen, K. *J. Phys. Org. Chem.* **2001**, *14*, 551.

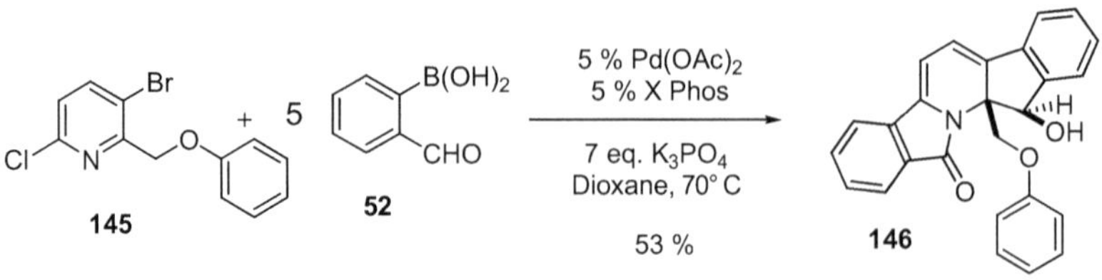

Schéma 91 : Formation d'un nouveau fluopen-6-substitué **146**

3 - Modifications fonctionnelles sur les cycles benzéniques latéraux du fluopen

A ce stade, nous avons envisagé les modifications sur les cycles latéraux du fluopen d'une façon symétrique. Ce type de modification nécessite la préparation de nouveaux acides boroniques afin d'obtenir de nouveaux fluopen disubstitués en *meta* ou en *para* du système π-conjugué.

3.1- Préparation des acides boroniques *para* ou *meta* substitués

Les acides boroniques sont largement utilisés en synthèse organique principalement dans le couplage de Suzuki. La majorité des acides 2-formyl-boroniques substitués en *meta* ou en *para* ne sont pas commerciaux et quand ils existent, ils sont très onéreux. Par exemple, le prix de l'acide 2-formyl-5-méthoxyphénylboronique est de 130 € le gramme. C'est pourquoi, nous avons préparé ces acides boroniques par deux méthodes très connues dans la chimie organométallique polaire à partir d'un lithien intermédiaire obtenu soit par échange halogène-métal[94,95] soit par *ortho*-métallation.[96]

3.1.1- Préparation des acides boroniques après échange métal halogène-métal

La première stratégie de préparation des acides boroniques est basée sur une réaction d'échange halogène-lithium qui permet la formation d'organolithiens **148** par action d'une base lithiée (le *n*-BuLi) sur des dérivés halogénés **147** principalement iodés ou bromés (Schéma 92).

---

[94] (a) Gilman, H.; Young, R. V. *J. Am. Chem. Soc.* **1934**, *56*, 1415. (b) Schlosser, M. *Organometallics in synthesis: A Manual* **1994**, chap.1, 1-166, Ed. Wiley.
[95] Leroux, F.; Schlosser, M.; Zohar, E.; Marek, I. *Chem. Organolithium Compd.* **2004**, *1*, 435.
[96] Par exemple : (a) Gschwend, H. W.; Rodriguez, H. R. *Org. React.* **1979**, *26*, 1. (b) Snieckus, V. *Chem. Rev.* **1990**, *90*, 879. (c) Quéguiner, G.; Marsais, F.; Snieckus, V.; Epsztajn, J. *Adv. Heterocycl. Chem.* **1991**, *52*, 187. (d) Mortier, J.; Vaultier, M. *C. R. Acad. Sci., Ser. IIc Chim.* **1998**, *1*, 465. (e) Hartung, C. G.; Snieckus, V. *Mod. Arene Chem.* **2002**, 330.

Schéma 92 : Echange halogène-lithium

Appliquée à des dérivés du 2-bromobenzaldéhyde **149** substitués en *para* par rapport au brome, cette stratégie nous a permis de préparer la majorité des acides boroniques **152** avec d'excellents rendements (Schéma 93). La séquence réactionnelle mise en œuvre comprend une protection de l'aldéhyde, un échange brome-lithium, le piégeage par le tri-isopropylborate et enfin une hydrolyse acide qui libère à la fois l'aldéhyde et la fonction acide boronique. Par exemple, la protection de la fonction aldéhyde du 2-bromobenzaldéhyde **149** se fait en présence d'éthylène glycol et d'acide *para*-toluènesulfonique (APTS) en quantité catalytique à reflux du toluène (130 °C) permettant d'obtenir l'acétal **150** quantitativement. Le dérivé bromé **150** subit ensuite un échange brome-lithium en présence de *n*-BuLi dans l'éther à -78 °C. L'intermédiaire lithié **151** est ensuite piégé par le tri-isopropylborate à -78°C, qui conduit après hydrolyse à l'acide boronique **152** (Schéma 93).

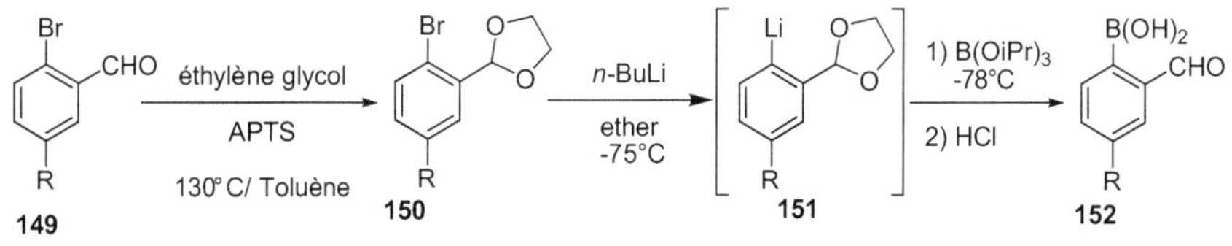

Schéma 93 : Acides boroniques obtenus par échange halogène-lithium

Les 2-bromobenzaldéhydes **149** sont substitués par des groupements attracteurs ou donneurs. Ils ne sont pas tous disponibles, les deux premiers substrats **153** et **154** sont commerciaux et les autres ont été préparés chacun selon une méthode spécifique qui dépend du substituant (Figure 17).

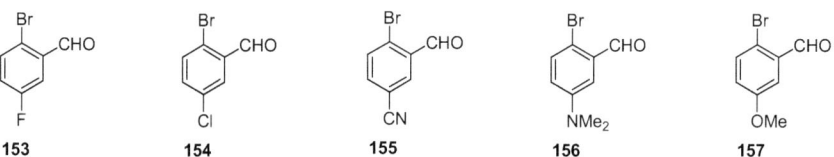

153   **154**   **155**   **156**   **157**

Figure 17 : Substrats bromés nécessaires à l'échange halogène-lithium

Le 2-bromobenzaldéhyde **155** portant le nitrile comme groupe attracteur a été décrit dans la littérature en deux étapes.[97] Une bromation radicalaire du méthyle du composé **158** se fait avec du N-bromosuccinimide (NBS) dans le tétrachlorure de carbone (CCl$_4$) suivie par une hydrolyse basique pour donner l'aldéhyde **155** (Schéma 94).

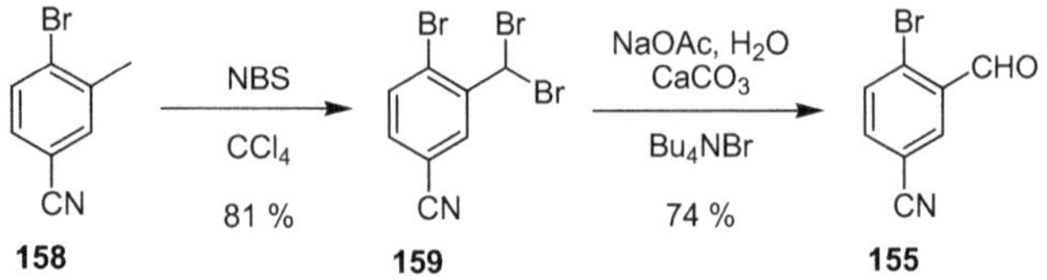

Schéma 94 : Préparation de **155** dans la littérature

Cependant, cette méthode implique l'emploi d'un solvant très toxique (tétrachlorure de carbone) et est assez fastidieuse à mettre en œuvre. Notons que cette méthode était spécifique pour le benzonitrile, nous avons donc utilisé une autre stratégie plus générale qui nous a permis d'accéder au produit souhaité en deux étapes à partir de 1-bromo-4-iodobenzene **160** (Schéma 95) et d'autres substrats désirés. Pour ce faire, une quantité stœchiométrique d'une solution fraiche de 2,2,6,6-tétraméthylpipéridure de lithium (LTMP) dans du THF à -80 °C a été utilisée pour avoir une déprotonation en *alpha* du carbone portant le brome du composé **160**. Un excès de DMF a été nécessaire pour piéger le lithien **161**. Celui-ci libère l'aldéhyde **162** après hydrolyse avec un rendement de 65 %.[98] Ensuite une transformation de l'iode du composé **162** en nitrile **155** se fait en utilisant le cyanure de zinc Zn(CN)$_2$ en présence de Pd(PPh$_3$)$_4$ avec un bon rendement de 74 % (Schéma 95).[99]

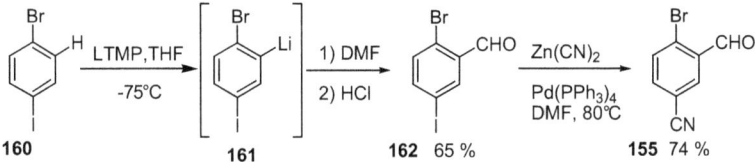

Schéma 95: Méthode modifiée pour la préparation de **155**

---

[97] Cody, J.; Fahrani, C. J. *Tetrahedron* **2004**, *60*, 11099.
[98] Lulinski, S.; Serwatowski, J.; Szczerbinska, M. *Eur. J. Org. Chem.* **2008**, *39*, 1797.
[99] Wang, L.; Wang, G. T.; Wang, X. Tong, Y.; Sullivan, G.; Park, D.; Leonard, N. M.; Li, Q.; Cohen, J.; Marsh, K.; Rosenberg S. H.; Sham, H. L.; Lin, N. H. *J. Med. Chem.* **2004**, *47*, 612.

En outre, la méthode précédente nous a permis d'obtenir le produit iodé **162** qui a été impliqué dans un couplage croisé pallado-catalysé avec différents acides phénylboroniques **115** substitués en *para*. Les substrats souhaités **163** ont été isolés avec des rendements compris entre 53 et 90 % (Schéma 96).

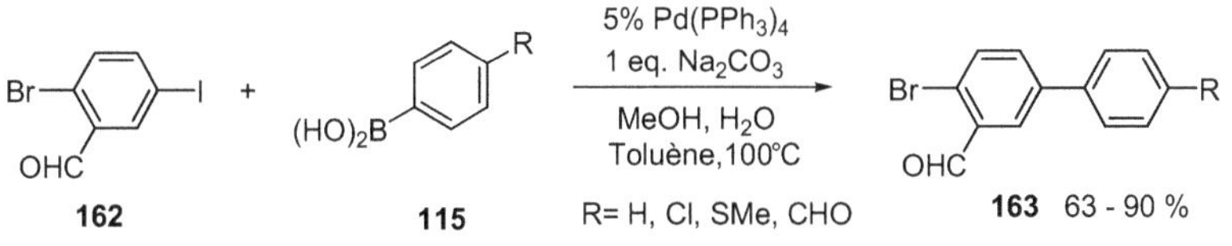

Schéma 96: Accès à des substrats biphényles à partir de **162**

La méthode permettant d'accéder au 2-bromobenzaldéhyde **156** portant le groupement NMe_2 comme groupe donneur a été décrite dans la littérature en deux étapes à partir de l'acide 3-(diméthylamino)benzoique **164**.[98] La méthode proposée consiste à réduire le composé **164** en alcool avec du tétrahdruroaluminate de lithium (LAH) puis à réaliser une oxydation ménagée par MnO_2 pour conduire à l'aldéhyde **165** (l'ensemble donnant théoriquement un rendement de 77%). L'étape suivante est une bromation avec la dibromohydantoïne dans le chloroforme qui permet d'obtenir le 2-bromo-5-(diméthylamino)-benzaldéhyde **156** avec un rendement de 76 % (Schéma 97).

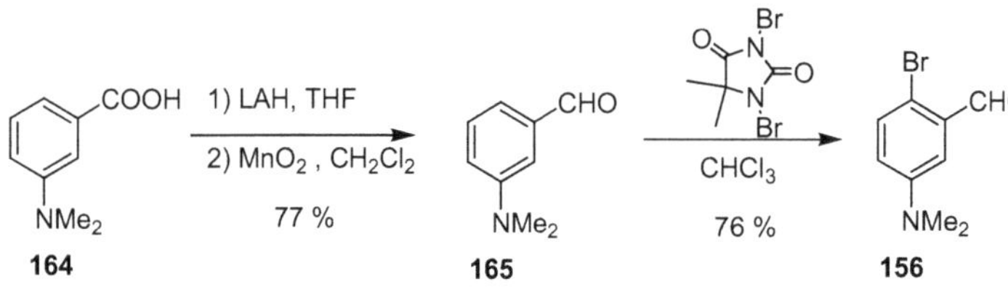

Schéma 97 : Préparation de **156** décrite dans la litérature

La mise en œuvre de cette méthode n'a pas abouti à l'aldéhyde souhaité **165** en particulier dans la deuxième étape impliquant l'oxyde de manganèse (MnO_2). C'est pourquoi nous avons décidé d'utiliser une méthode alternative consistant à préparer l'aldéhyde **165** à partir de la 3-bromo-N,N-diméthylaniline **166**. Cette dernière a été engagée dans des conditions permettant un échange brome-lithium dans l'éther à 0 °C suivi d'un piégeage de l'intermédiaire lithié avec du DMF fraîchement distillé. Après l'hydrolyse, l'aldéhyde **165** est obtenu avec un rendement de 55 %. L'étape suivante a été reproduite selon la méthode décrite dans la littérature (Schéma 98).

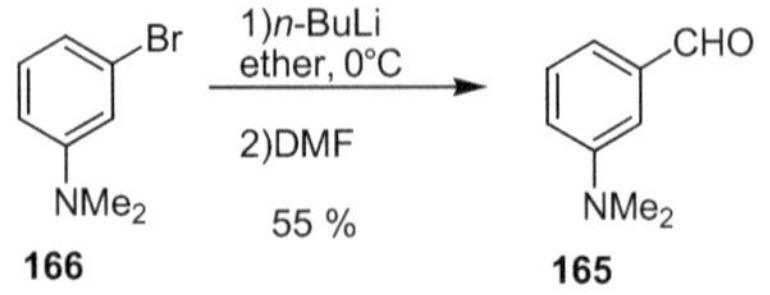

Schéma 98 : Préparation de **165**

Le dernier substrat a été obtenu en une seule étape à partir du 3-méthoxybenzaldéhyde **167** par une bromation avec un équivalent de dibrome (Br$_2$) à température ambiante dans le dichlorométhane en insérant le brome en *para* du méthoxy. Le 2-bromo-5-méthoxybenzaldéhyde **157** a été obtenu avec un rendement de 66 % (Schéma 99).[100]

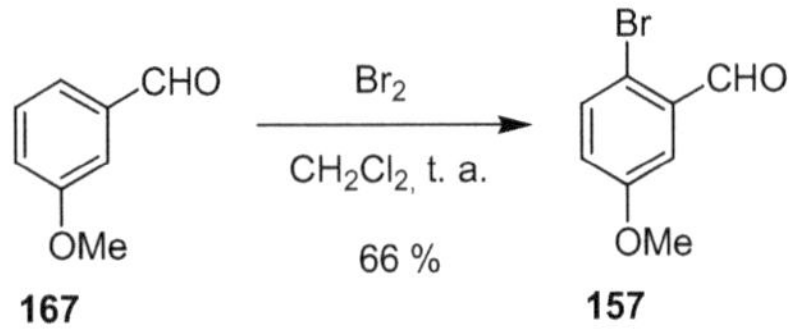

Schéma 99 : Préparation de **157**

Les substrats bromés présentés dans la figure 17 ont ensuite été engagés dans une séquence réactionnelle décrite dans le Schéma 93. Les divers acides formylboroniques envisagés substitués en *para* de la fonction B(OH)$_2$ ont ainsi été obtenus avec d'excellents rendements allant de 68 à 84 % (Figure 18).

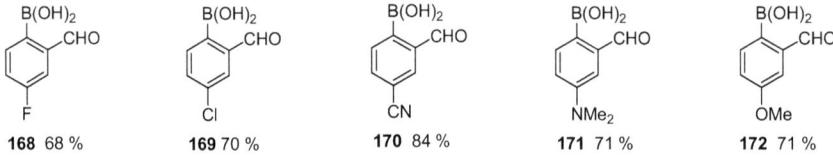

Figure 18: Les divers acides boroniques préparés

3.1.2- Préparation des acides boroniques par ortho-métallation

L'*ortho*-métallation (Directed Ortho Metalation = DOM), consiste en la métallation par une base forte (un organolithien) sur la position *ortho* d'un groupement directeur (GD) **173**. Pour que la DOM soit efficace, le GD doit contenir un hétéroatome ou un groupement

---

[100] Tietze, L. F.; Brasche, G.; Grube, A.; Bçhnke, N.; Stadler, C.*Chem. Eur. J.* **2007**, *13*, 8543.

d'atomes complexants et aussi posséder la capacité à tolérer les bases fortes (Schéma 100). De nombreuses revues traitant de ce phénomène sont disponibles dans la littérature.[96]

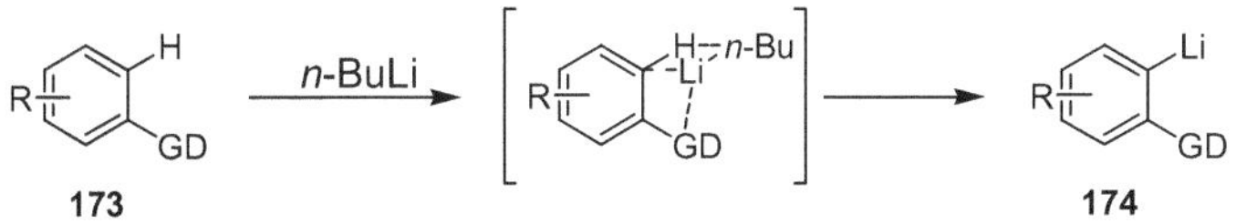

Schéma 100 : Ortholithiation dirigée

Dans le cas d'une molécule portant plusieurs groupements potentiellement directeurs (GD), c'est généralement celui qui a le plus fort pouvoir directeur qui oriente la métallation : l'*ortho*-métallation peut donc être un phénomène hautement régiosélectif. Snieckus et son équipe ont donné une classification du pouvoir *ortho*-directeur des différents groupements et ont très largement appliqué cet effet *ortho*-directeur dans le cadre de synthèses diverses.

En utilisant le principe de l'ortho-direction, Comins et Brown[101] ont quant à eux décrit une méthode originale permettant de gouverner de façon régiospécifique la métallation en position *ortho* sur un benzaldéhyde substitué **175**. Le principe consiste à modifier la fonction aldéhyde en un groupement à la fois complexant et *ortho*-directeur. Ainsi, l'α-amino alcoolate **177** est formé par addition sur l'aldéhyde **175** du triméthyléthylènediamidure de lithium **176**. L'intermédiaire formé *in situ* protège le groupe formyle des réactifs organométalliques présents dans le milieu réactionnel. Ensuite, ce composé **177** est traité avec 3 équivalents de *n*-BuLi dans du THF à -20 °C. Dans ces conditions, l'α-amino alcoolate n'est pas seulement qu'un groupe protecteur, mais aussi un groupe directeur pour l'*ortho*-lithiation. Le composé **178** peut être piégé avec différents électrophiles. Celui-ci après hydrolyse acide fournit une large variété d'aldéhydes aromatiques **179** (Schéma 101).

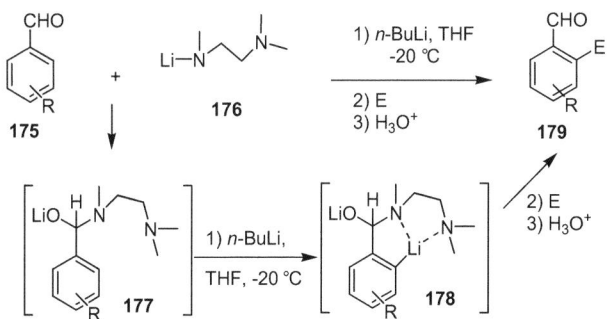

Schéma 101 : la méthode de Commins

---

[101] Comins, D L.; Brown, J D. *J. Org. Chem.* **1984**, 49, 1078.

En se basant sur les travaux de Comins, Bower et *coll.*[102] ont par exemple réalisé la synthèse du 2-bromo-4-méthoxybenzaldéhyde **181** à partir du *para*-méthoxy-benzaldéhyde **180** avec un rendement de 62 % (Schéma 102).

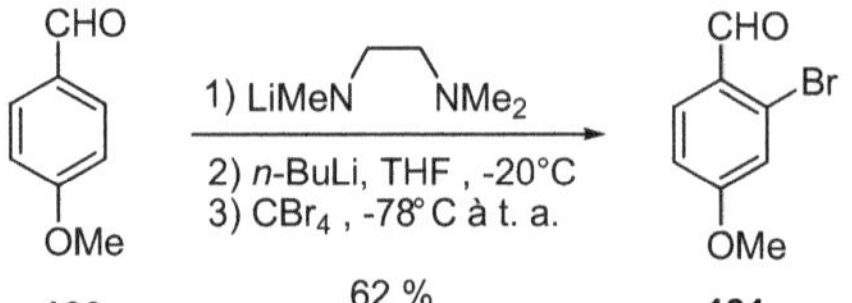

Schéma 102: Préparation du substrat **181** décrite dans la littérature

Nous avons donc utilisé cette stratégie pour accéder directement aux acides boroniques en employant le tri-isopropylborate comme électrophile. Appliquée à des benzaldéhydes substitués en *para* par un groupement donneur ou attracteur, la stratégie de Comins nous a permis de préparer trois acides boroniques avec de faibles rendements (Schéma 103). Pour ce faire, nous avons reproduit les conditions précédentes en changeant simplement l'électrophile CBr_4 par le tri-isopropyl-borate $B(OiPr)_3$. Ce dernier permet de piéger le lithien et après hydrolyse conduit à l'acide boronique souhaitée **184**. Notons qu'il s'agit ici de la première synthèse directe des composés **184** par cette méthode à partir d'aldéhydes commerciaux **182**.

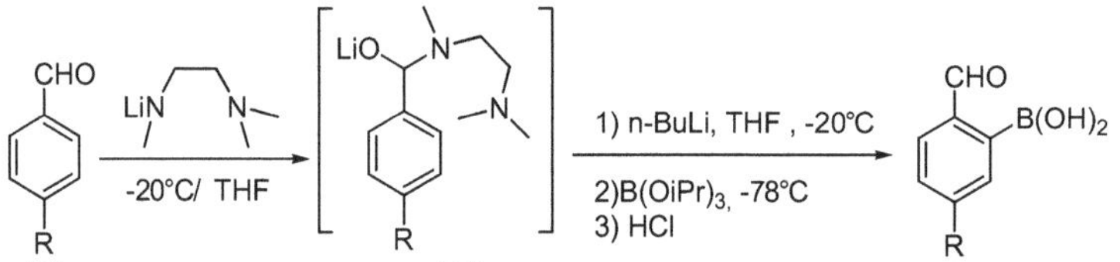

Schéma 103 : Préparation d'acides boroniques par la méthode de Commins

Les trois acides formylboroniques substitués en *meta* par rapport à la fonction $B(OH)_2$ sont représentés dans la figure 19 ci-dessous.

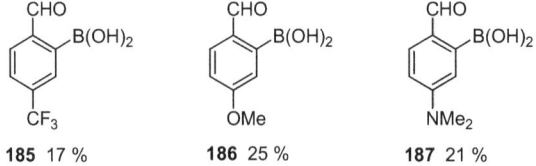

185 17 %   **186** 25 %   **187** 21 %

Figure 19 : Acides boroniques préparés par la méthode de Commins

---

[102] Bower, J. F.; Szeto, P.; Gallagher, T. *Org. Biomol. Chem.* **2007**, 5, 143.

Finalement, nous avons obtenu une série d'acides formylboroniques substitués en *para* ou en *meta*, ce qui nous permet de préparer les fluopens différemment substitués sur les cycles latéraux.

3.2- Synthèse de fluopens symétriques

Tout d'abord, le terme symétrique signifie que le fluopen a le même groupement fonctionnel dans la même position (*para* ou *meta*) sur les deux cycles latéraux.

Les différents acides formylboroniques substitués en *meta* ou en *para* ont été engagés dans la réaction cascade conduisant à de nouveaux fluopens possédant diverses fonctionnalités (Schéma 104).

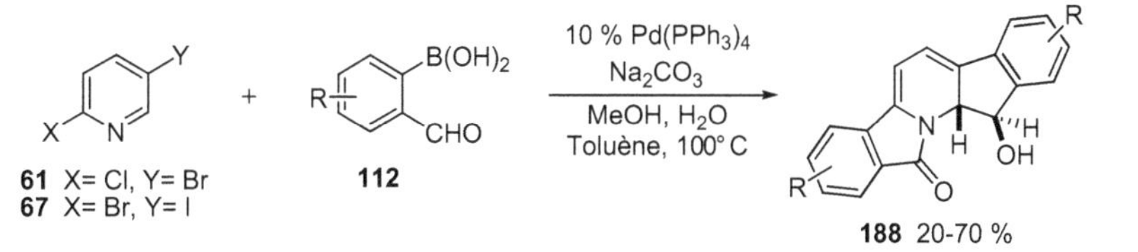

Conditions A : **61**, 2.5 eq. de **112**, 5 eq. Na$_2$CO$_3$
Conditions B : **67**, 2.5 eq. de **112**, 5 eq. Na$_2$CO$_3$
Conditions C : **67**, 3 eq. de **112**, 6 eq. Na$_2$CO$_3$

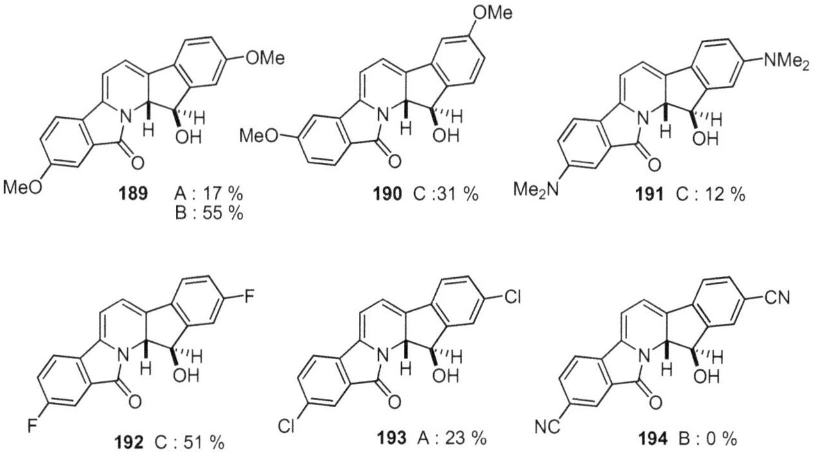

189 A : 17 % / B : 55 %
190 C : 31 %
191 C : 12 %
192 C : 51 %
193 A : 23 %
194 B : 0 %

Schéma 104 : Synthèse de fluopens « symétriques »

Dans un premier temps, nous avons utilisé la 5-bromo-2-chloropyridine **61** avec 2.5 équivalents de l'acide 2-formyl-4-méthoxyboronique **172** dans les conditions décrites dans le chapitre III (conditions A, Schéma 104). Le fluopen **189** disubstitué en *para* par un méthoxy a été isolé avec un rendement de 17 %. Le même fluopen **189** a été obtenu avec un bon rendement de 55 % en partant de la 2-bromo-5-iodopyridine **67** plus réactive (conditions B). La structure du composé **189** substitué par un méthoxy en *para* sur les deux cycles latéraux, a été confirmée par DRX (Figure 20). La maille contient deux entités asymétriques qui diffèrent par l'orientation du groupement méthyle sur l'oxygène. On notera que la diastéréosélectivité n'a pas été modifiée puisqu'une configuration *trans* est observée.

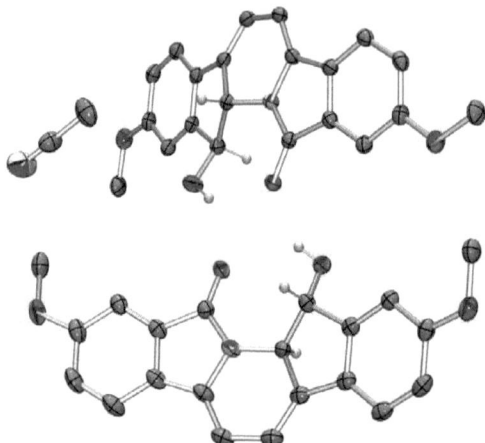

Figure 20 : Structure ORTEP du fluopen **189**

De la même manière, nous avons utilisé la 2-bromo-5-iodopyridine **67** avec 3 équivalents de l'acide 2-formyl-5-methoxyboronique **186** en présence de 6 équivalents de Na_2CO_3 (conditions C)). Le fluopen **190** substitué en *méta* a été obtenu avec un rendement de 31 %. Ensuite, nous avons appliqué les conditions B avec d'autres acides boroniques comme l'acide 4-(diméthylamino)-2-formylphénylboronique **171** et l'acide 4-fluoro-2-formylphénylboronique **168**. Les fluopens **191** et **192** ont été isolés avec des rendements de 12 % et 51 % respectivement. Notons qu'avec l'acide 4-(diméthylamino)-2-formylphénylboronique **171** on isole 45 % de produit de monocouplage **195** (Schéma 105).

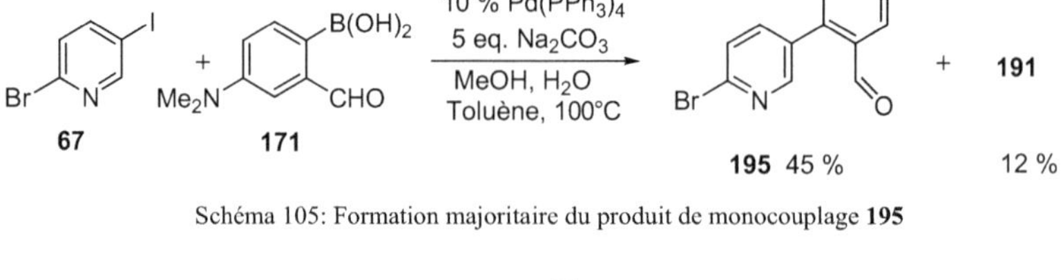

Schéma 105: Formation majoritaire du produit de monocouplage **195**

Dans le cas de l'acide 4-chloro-2-formylphénylboronique **168**, nous avons utilisé les conditions classiques (conditions A) pour accéder au fluopen **193** portant les chlores en *para* avec un rendement de 23 % (avec des impuretés). On notera que ce composé **193** n'a pas pu être isolé de façon pure et n'a pas été complètement caractérisé en raison d'une forte dégradation pendant la séparation et l'analyse.

Le pentacycle **194** portant les groupements nitriles n'a quant à lui été ni formé ni observé dans le mélange réactionnel (pas de fluorescence observée en CCM). Notons qu'il y a formation du produit de monocouplage **202** dont nous décrirons les propriétés dans la partie suivante de pentacycles dissymétriques (c.f. paragraphe 4.1, Schéma 107)

D'un point de vue structural, l'ensemble des résultats obtenus montre que l'addition de substituants sur les deux cycles benzéniques ne change pas la diastéréosélectivité du pentacycle et ceci quelle que soit la nature du groupement donneur ou attracteur en *meta* ou en *para*. Par contre selon la nature de substituant, nous avons bien observé à l'œil nu une variation remarquable de l'intensité de fluorescence dont nous détaillerons leurs propriétés dans le chapitre suivant. Ces résultats nous ont motivé d'envisager des fluopens dissymétriques substitués par deux groupements différents ou substitués d'un seul côté sur l'un de deux cycles benzéniques latéraux (à gauche ou à droite).

4- Synthèse multi-étapes de fluopens dissymétriques

Dans le but de faire des modifications fonctionnelles différentes sur les cycles latéraux d'une façon dissymétrique. Nous avons réalisé deux couplages successifs avec des acides boroniques portant des fonctions différentes. Pour réaliser le premier couplage, deux stratégies de synthèse ont été utilisées. La première (voie A) utilise la 2,5-dihalogénopyridine **61** ou **67** et un acide 2-formylbenzèneboronique **112** substitué en *meta* ou en *para* en quantité stœchiométrique. La deuxième stratégie de synthèse (voie B), nécessite un équivalent d'acide 6-halogénopyridin-3-boronique **196** et d'un excès de 2-halogénobenzaldéhyde **197**. Les deux voies de synthèse conduisent au même produit de monocouplage **198**. Ce dernier, isolé ou non, sera couplé avec un nouvel acide 2-formylbenzèneboronique substitué pour accéder à des pentacycles dissymétriques **199** selon le schéma 106 ci-dessous :

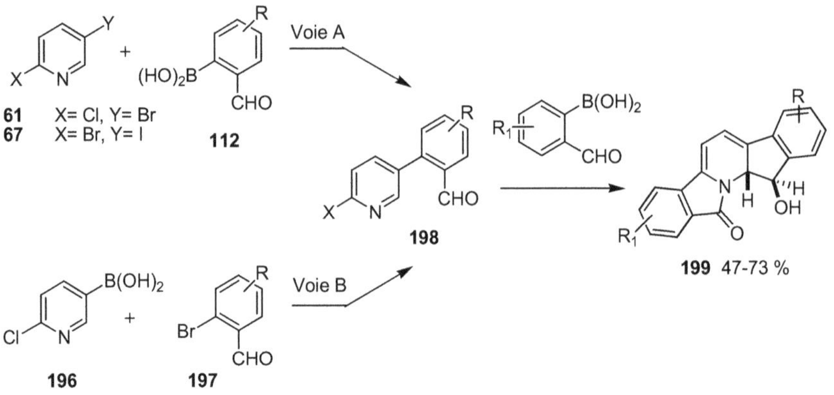

Schéma 106

4.1- Synthèse de l'intermédiaire pyridinylbenzaldehyde 198

Dans un premier temps, nous avons envisagé d'isoler l'intermédiaire de la réaction **198** (Schéma 107). Pour ce faire, nous avons utilisé des conditions différentes selon la nature du substituant de l'acide 2-formylbenzèneboronique. Cette première stratégie de synthèse (voie A) a été efficace dans la moitié des cas étudiés. En effet, dans les cas des dérivés méthoxylés **200** et **203** ainsi que le dérivé chloré **201**, nous avons isolé les composés souhaités avec des rendements satisfaisants compris entre 44 et 65 % en utilisant les conditions A. Par contre, les mêmes conditions utilisées pour les composés avec les fonctions nitrile **202**, diméthylamino **204** et trifluorométhyle **205**, ont donné les produits recherchés avec des rendements faibles (environ 10 %). Il a été donc nécessaire d'adapter les conditions de synthèse. Puisque la 2,5-dihalogénopyridine est disponible commercialement et en raison de la difficulté de préparation des acides boroniques, nous avons alors utilisé deux équivalents de 2-bromo-5-iodopyridine **67** avec un équivalent d'acide 2-formylbenzèneboronique **112** selon un couplage de Suzuki (conditions B). Ces conditions modifiées B ont ainsi permis une amélioration sensible du rendement de condensation pour les deux composés **204** et **205** (78 % et 74 % respectivement). Par contre, dans le cas du composé **202** portant un groupe nitrile très attracteur, le rendement n'a été que de 14 %.

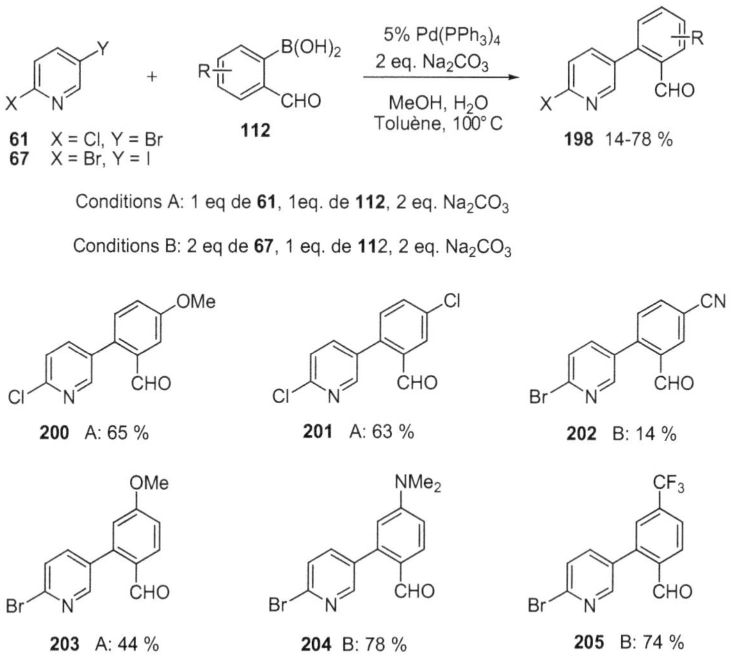

5% Pd(PPh3)4
2 eq. Na2CO3
MeOH, H2O
Toluène, 100° C
61 X = Cl, Y = Br
67 X = Br, Y = I
112
198 14-78 %
Conditions A: 1 eq de 61, 1eq. de 112, 2 eq. Na2CO3
Conditions B: 2 eq de 67, 1 eq. de 112, 2 eq. Na2CO3
200 A: 65 %
201 A: 63 %
202 B: 14 %
203 A: 44 %
204 B: 78 %
205 B: 74 %

Schéma 107

La voie B utilisant un acide boronique pyridinique **196** dont les conditions de couplage ont été décrites par Fu[103] : 2.4% $Pd_2(dba)_3$, 4.8% de tricyclohexylphosphine (PCy_3) en présence d'une solution aqueuse de K_3PO_4 à reflux de dioxane (Schéma 108). Cette voie a été utilisée pour plusieurs raisons. Premièrement, elle est plus efficace puisqu'elle permet d'obtenir le produit avec un rendement quasi-quantitatif (96 %) comme dans le cas de la diméthylamine en para **207**. De plus, dans le cas du groupement nitro, elle permet d'accéder à l'intermédiaire souhaité **206** avec un rendement de 45% alors que la voie A est impossible car l'acide boronique est inaccessible. Enfin, le composé **208** portant un fluor a été obtenu avec un rendement de 55% alors que la voie A a été inefficace.

---

[103] Kudo, N.; Perseghini, M.; Fu, G. C. *Angew. Chem. Int. Ed.* **2006**, *45*, 1282.

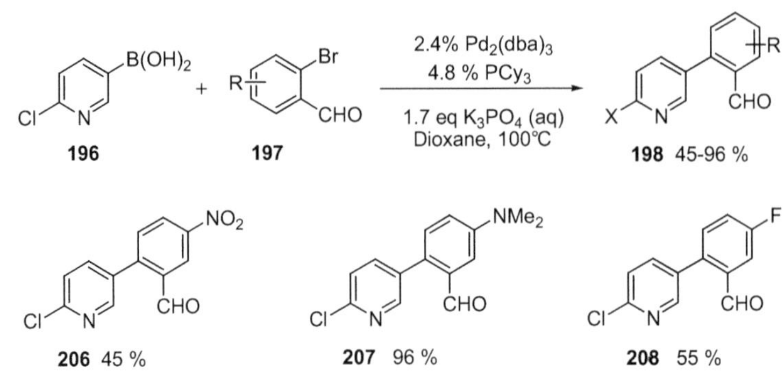

Schéma 108: Synthèse des produits de monocouplage par la voie B

En fonction de la nature du substituant, nous avons utilisé les conditions classiques (voie A) et la méthode de Fu (voie B). Ces deux stratégies de synthèse ont conduit à des meilleurs résultats et nous ont permis d'obtenir tous les composés intermédiaires souhaités **198** substitués par un groupe donneur ou attracteur en *meta* ou en *para*.

4.2- Synthèse de fluopens dissymétriques à partir des pyridinylbenzaldéhydes

Nous avons, dans un premier temps, optimisé les conditions réactionnelles pour la cascade après couplage avec un autre acide boronique. Pour cela, nous avons testé trois systèmes catalytiques : Pd(PPh$_3$)$_4$, Pd$_2$(dba)$_3$ / PCy$_3$ et Pd(OAc)$_2$ / X Phos (Schéma 109). Nous avons trouvé que le système Pd(OAc)$_2$ / X Phos donne le meilleur rendement de 63 % (Conditions C). En utilisant le Pd(PPh$_3$)$_4$, le pentacycle **209** a été isolé avec un rendement de 20 % qui a pu être amélioré à 63 % en ajoutant un équivalent de NaBr (Conditions A et A'). L'utilisation de Pd$_2$(dba)$_3$ / PCy$_3$ a donné le composé pentacyclique avec un rendement de 33 % (Conditions B).

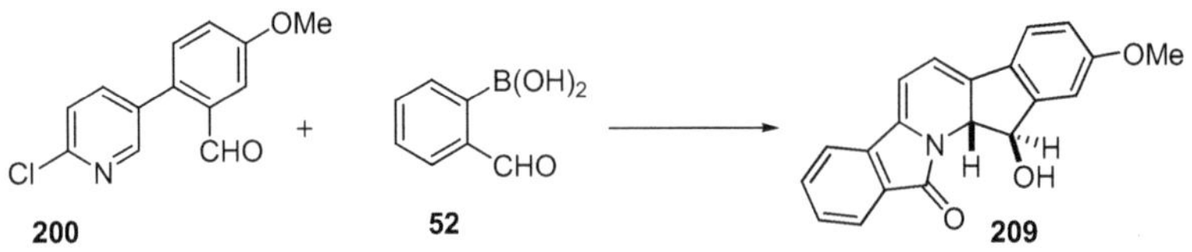

Conditions A: 10 % Pd(PPh$_3$)$_4$, 3eq Na$_2$CO$_3$, MeOH, H$_2$O, Toluène, 100°C

Conditions A': 10 % Pd(PPh$_3$)$_4$, 3 eq Na$_2$CO$_3$, 1 eq NaBr, MeOH, H$_2$O, Toluène, 100° C

Conditions B: 5% Pd$_2$(dba)$_3$, 12 % PCy$_3$, 1.7 eq K$_3$PO$_4$, Dioxane, H$_2$O, 100°C

Conditions C: 5 % Pd$_2$(OAc)$_2$, 5 % X Phos, 4 eq K$_3$PO$_4$, Dioxane, 70°C

Schéma 109

En raison du coût élevé du ligand X Phos, nous avons effectué la cascade avec Pd(PPh$_3$)$_4$ en utilisant les conditions A' avec les intermédiaires chlorés et les conditions A (sans NaBr) avec ceux du bromés.

Après avoir trouvé les meilleurs conditions pour effectuer le second couplage, nous avons engagé les différents intermédiaires dans la réaction cascade pour accéder à de nouveaux fluopens dissymétriques (Schéma 110).

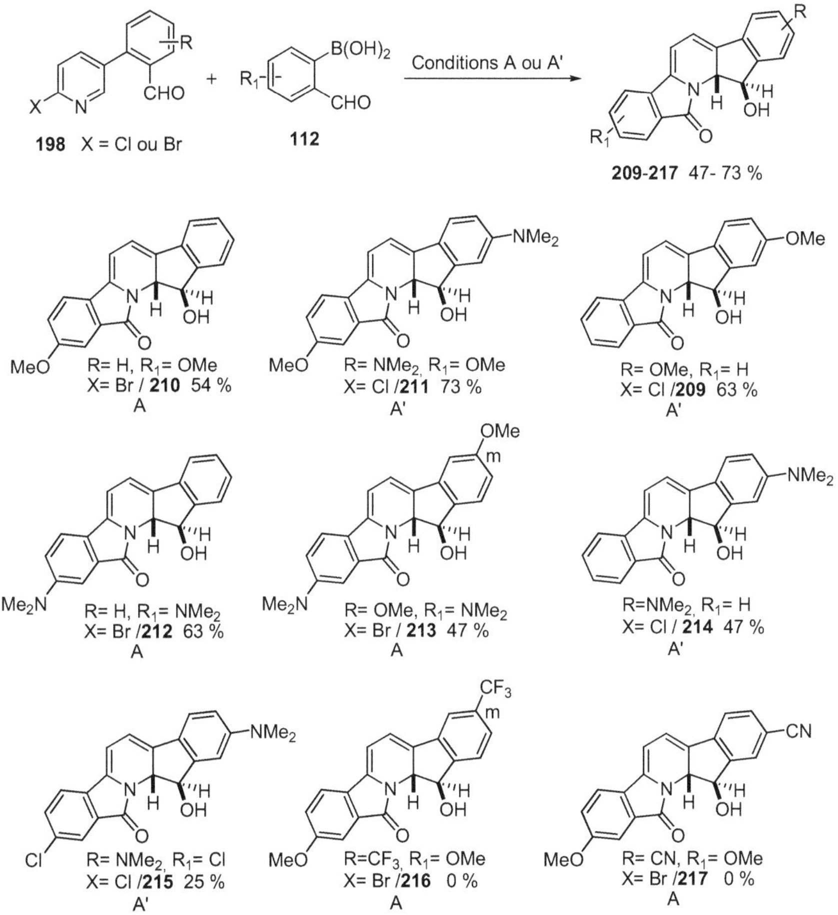

Schéma 110 : Synthèse de pentacycles "dissymétriques"

Les fluopens **209-217** disubstitués en *para* ou en *meta* ont été isolés avec des rendements allant de 47 à 73 %. Le fluopen **215** est instable, comme tous les fluopens portant un chlore et n'a pas pu être caractérisé. De plus, le pentacycle **216** portant un groupe trifluorométhane (CF$_3$) n'a pas pu être obtenu pur, il y avait un mélange de deux produits inséparables. Le pentacyle **217** portant un groupe nitrile n'a pas été observé même dans le mélange réactionnel.

Finalement, nous avons exploré la possibilité d'effectuer dans une procédure *one-pot* deux couplages successifs de deux cycles benzéniques différemment substitués. De meilleurs rendements pour les composés **209** et **214** ont été obtenus lorsque l'acide boronique porté par la pyridine a été couplé successivement avec le composé **149** puis avec l'acide 2-formylboronique **52** dans les conditions de Fu (Conditions B, Schéma 111). Par rapport à la voie partant de la 2-bromo-5-iodopyridine **67** avec Pd(PPh$_3$)$_4$ comme catalyseur (Conditions A), les conditions B ont permis d'une façon propre et efficace un premier mono-couplage pour générer des intermédiaires qui, après addition directe de l'acide 2-formylboronique **52** donnent les pentacycles **209** et **214** avec des rendements modérés.

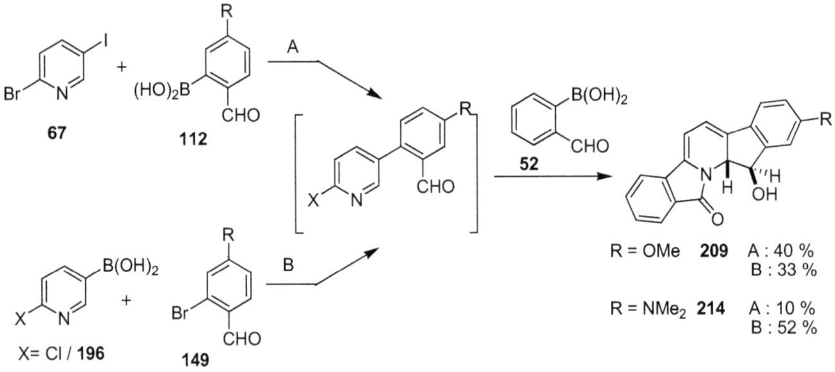

Conditions A: 10 % Pd(PPh$_3$)$_4$, 5 eq. Na$_2$CO$_3$, MeOH, H$_2$O, Toluène, 100°C
Conditions B: 5% Pd$_2$(dba)$_3$, 12 % PCy$_3$, 3.4 eq. K$_3$PO$_4$, H$_2$O, Dioxane, 100° C

Schéma 111 : Synthèse "one-pot" de pentacycles "dissymétriques"

4.3- Modifications de l'électrophile interne : accès à de nouveaux fluopens

Si on revient sur notre proposition mécanistique (c. f. paragraphes 1.5, chapitre III), l'intermédiaire-clé **C** dans la réaction cascade peut être considéré comme une fonction de type ylure d'azométhine qui réagit ensuite avec l'aldéhyde selon une pseudo-cycloaddition [2+3]. Des fonctions réactives dans des processus [2+3] telles que des imines, des alcènes ou des alcynes devraient être envisageables et nous permettre l'accès à de nouveaux systèmes polycycliques. La connaissance du mécanisme de la réaction nous a permis d'identifier de nouveaux groupements fonctionnels potentiellement compatibles ou pouvant participer dans le processus cascade.

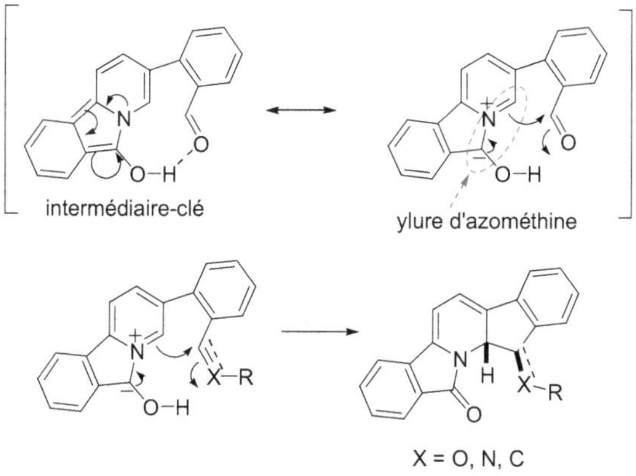

Figure 21: Pseudo-cyclisation [2+3] de l'intermédiaire de type ylure d'azométhine

Étant donné que l'aldéhyde est un électrophile lors de la deuxième cyclisation, nous nous sommes proposé d'utiliser d'autres électrophiles internes tels que les groupes cétone, ester et imines. Ces modifications permettraient un accès à de nouveaux polyhétérocycles **219-220** portant des fonctions alcool tertiaire, cétone ou amine (Schéma 112).

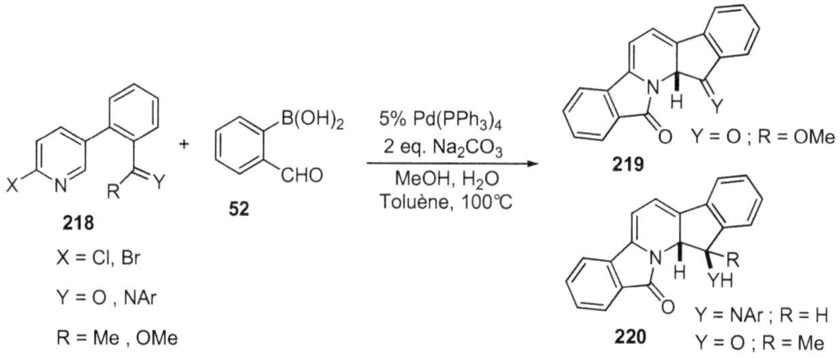

Schéma 112 : Réactivité des cétones, esters et imines

Nous avons donc préparé quelques 2-halogénopyridines **218** portant ces groupes électrophiles (cétone, ester et imine) en lieu et place de l'aldéhyde.

Dans un premier temps, nous avons examiné le cas d'une cétone méthylée. Nous avons alors couplé les 2,5-dihalopyridines **61** et **67** en position 5 avec l'acide 2-

acétylphénylboronique **221** en utilisant les conditions standard avec Pd(PPh$_3$)$_4$ ce qui nous a permis d'isoler les cétones **222** et **223** avec de bons rendements de 73 % et 87 % respectivement (Schéma 113).

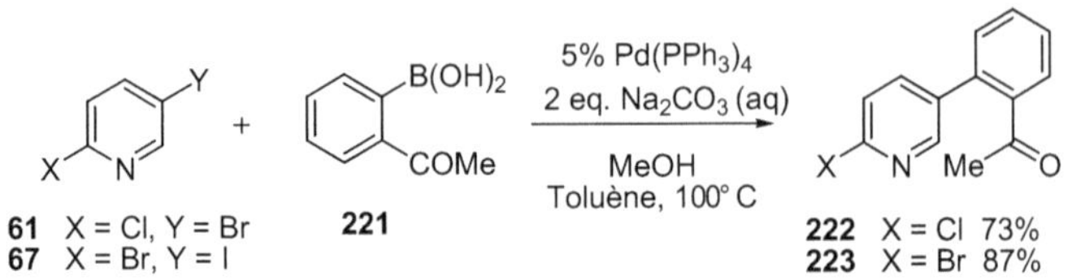

Schéma 113

Dans les conditions réactionnelles de la cascade avec 1.5 équivalents d'acide 2-formylboronique **52**, seul le composé bromé **223** a permis d'accéder au fluopen **224** avec un rendement de 38 % (Shéma 114).

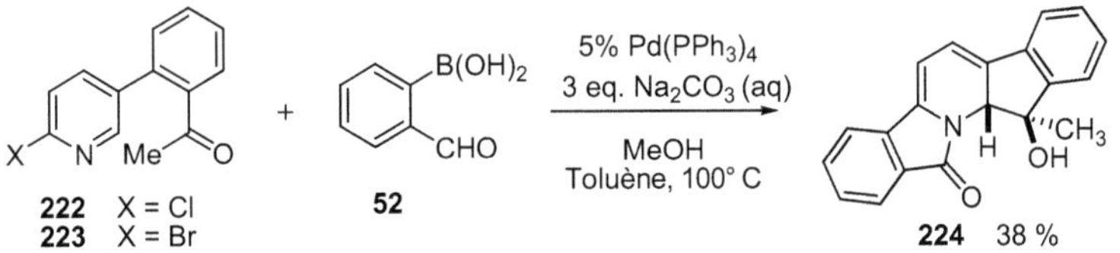

Schéma 114: Réactivité de la fonction cétone dans la cascade

La synthèse des intermédiaires **226** et **227** portant une fonction ester a été problématique. Dans les conditions standard ainsi que dans les conditions de Fu décrites dans le schéma 111, aucun produit de couplage n'a été observé entre les pyridines **61,67** et l'acide 2-(méthoxycarbonyl)phénylboronique **225** (Schéma 115). Ce résultat peut s'expliquer par le fait qu'une interaction peut avoir lieu entre le bore et l'oxygène de l'ester.

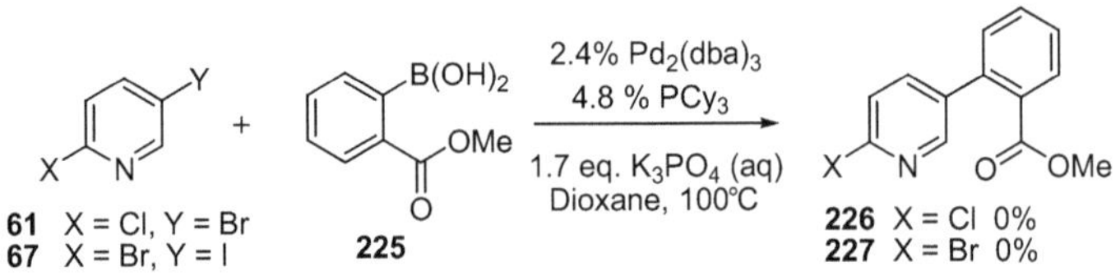

Schéma 115

Nous avons alors changé de stratégie et placé la fonction acide boronique en position 5 de la pyridine **228**. L'acide 2-bromo-5-pyridine boronique **228** a été préparé à partir de la 2,5-dibromopyridine **75** avec un rendement de 80% par une méthode décrite dans la littérature.[104] Un échange brome-lithium se fait sélectivement en position 5 en présence de *n*-BuLi dans l'éther à -78 °C. L'intermédiaire lithié est piégé par le tri-isopropylborate à -78°C et après hydrolyse l'acide boronique souhaité **228** est formé (Schéma 116).

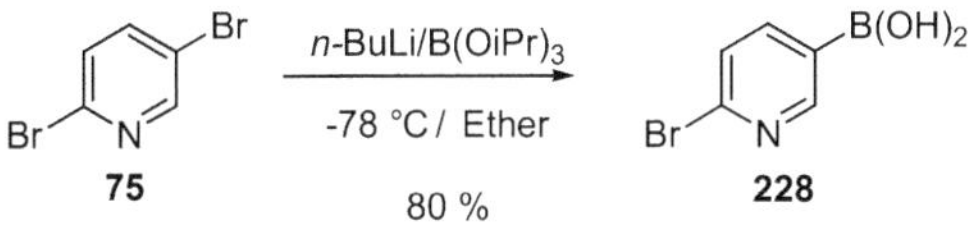

Schéma 116: Préparation de l'acide boronique **228**

Ce dernier a ensuite été couplé avec le 2-iodobenzoate de méthyle **229**[105] en utilisant les conditions de Fu. Ces conditions ont permis d'obtenir les composés **226** et **227** avec des rendements allant de modérés à bons (Schéma 117).

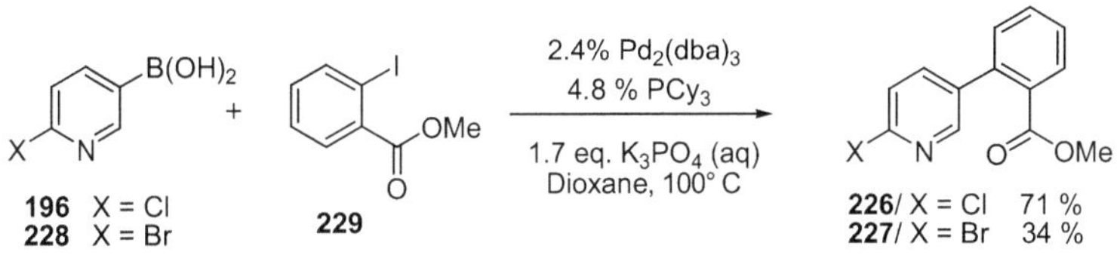

Schéma 117 : Préparation des substrats portant la fonction ester

On notera que dans le cas de l'intermédiaire **227**, une quantité non négligeable du produit de double couplage **230** a été détectée par analyse GC-MS (Figure 22).

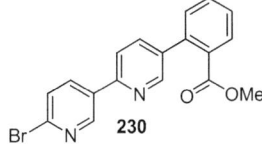

Figure 22 : Produit de double couplage

---

[104] Parry, P. R.; Wang, C.; Batsanov, A. S.; Bryce, M. R.; Tarbit, B. *J. Org. Chem.* **2002**, *67*, 7541.
[105] Gabriele, B.; Salerno, G.; Faziob A.; Pittellib, R. *Tetrahedron* **2003**, *59*, 6251.

Nous avons ensuite tenté de coupler les intermédiaires **226** et **227** portant une fonction ester avec 1,5 équivalent d'acide 2-formylboronique **52** dans les conditions standard avec Pd(PPh$_3$)$_4$. Dans le deux cas, le fluopen n'a pas été obtenu (Schéma 118).

De manière analogue à la cétone chlorée **222**, l'ester chloré **226** n'est pas assez réactif dans les conditions de Suzuki en présence de Pd(PPh$_3$)$_4$ et le produit de départ est principalement récupéré en fin de réaction. L'ester bromé, plus réactif réagit avec l'acide 2-formylboronique **52** mais dans ce cas uniquement la première cyclisation a lieu conduisant au produit **231** dit de 'demi-cascade'. Il apparait donc que l'ester n'est pas assez électrophile pour subir l'attaque du carbone C6 et conduire probablement au produit représenté dans le schéma 115 d'après les analyses de GC-MS et de RMN.

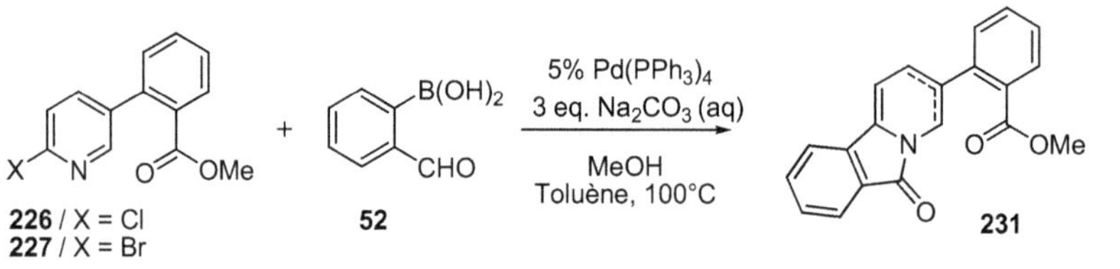

Schéma 118: Réactivité de la fonction ester

Noun nous sommes donc intéressés à un groupe possédant une plus grande électrophilie comme une imine. Nous avons dans un premier temps utilisé la même stratégie qu'avec les esters. La réaction entre l'acide 2-bromo-5-pyridine boronique **196** et l'*o*-tolyl-N-tosylméthanimine **232** n'a pas donné le produit souhaité. En effet, une hydrolyse de l'imine a lieu pour conduire à la 2-(6-chloropyridin-3-yl)benzaldéhyde **82** (Schéma 119).

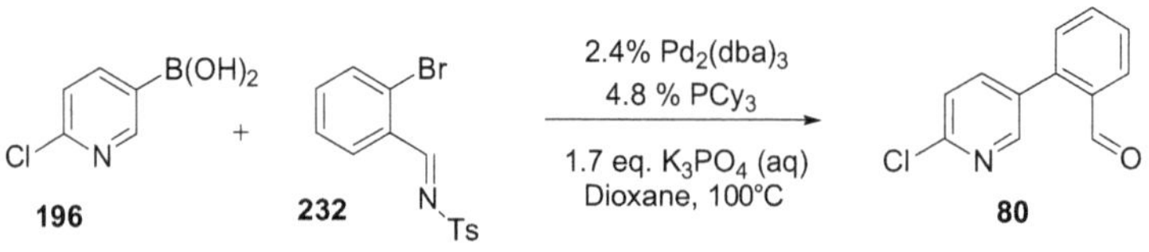

Schéma 119: Tentative de couplage de l'imine **232**

Nous avons alors utilisé les aldéhydes **80** et **81** préparés dans le chapitre précèdent en les faisant réagir avec une amine primaire ce qui nous a permis d'avoir les imines désirées.

Nous avons utilisé la *p*-méthoxyaniline en présence de sulfate de magnésium dans le dichlorométhane à température ambiante. Les imines **233** et **234** ont été obtenues quantitativement après une simple filtration et sans aucune purification supplémentaire (Schéma 120).

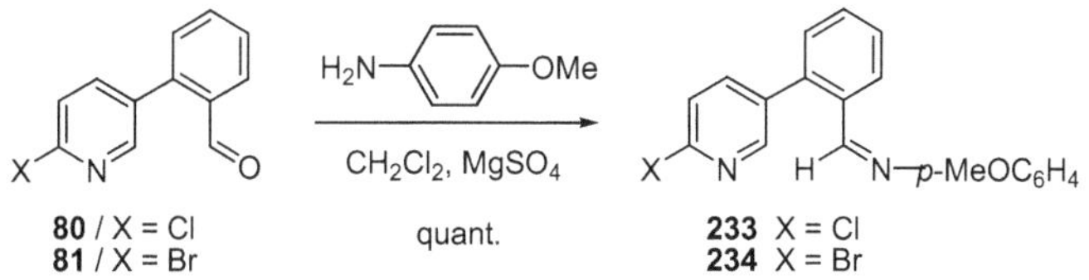

80 / X = Cl
81 / X = Br

233 X = Cl
234 X = Br

Schéma 120 : Préparation des intermédiaires portant une fonction imine

Les imines sont ensuite mises en réaction avec 1.5 équivalent d'acide 2-formylboronique **52** en présence de Pd(PPh$_3$)$_4$. L'amine pentacyclique fluorescente **235** a été obtenue avec un rendement de 36 % à partir du composé bromé **234** alors que le composé **233** chloré a conduit à un très faible rendement de l'ordre de 5% (Schéma 121).

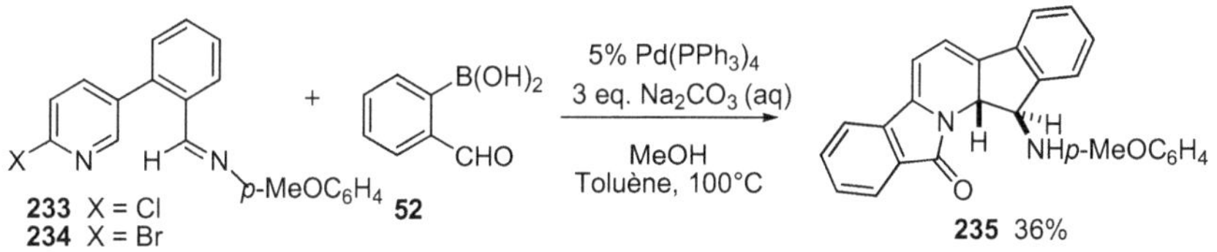

233 X = Cl
234 X = Br

235 36%

Schéma 121

Nous avons également envisagé d'utiliser une imine où la position de l'azote est inversée par rapport à l'imine **233** pour nous permettre d'avoir un nouveau composé polyhétérocyclique. Pour cela, nous avons utilisé les conditions de Fu[104] pour coupler l'acide 2-bromo-5-pyridine boronique **196** avec le 2-bromophénylamine **236**. La 2-(6-chloropyridin-3-yl)-4-méthylbenzènamine **237** a été obtenue avec un bon rendement de 83%. Ensuite, nous avons utilisé la même méthode que précédemment en faisant réagir l'amine **237** avec le *p*-méthoxybenzaldéhyde. Cette méthode nous a permis d'accéder quantitativement à l'imine souhaitée **238** (Schéma 122).

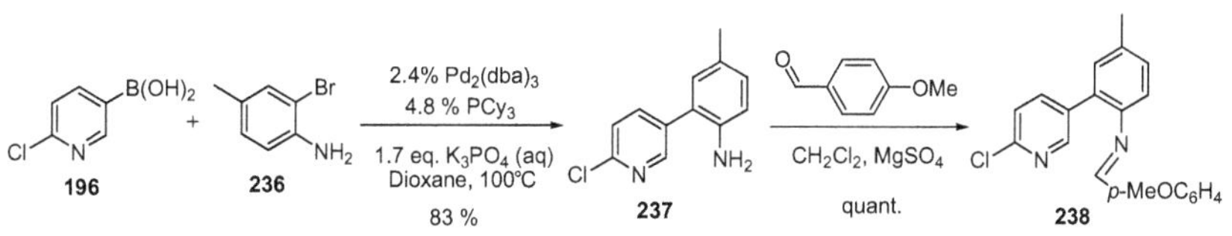

196 + **236** → **237** (83%) → **238** (quant.)

Schéma 122 : Synthèse de l'imine **238**

Après réaction avec 1.5 équivalent d'acide 2-formylboronique **52**, l'amine pentacyclique **240** n'a pas été obtenue. D'après les analyses de GC-MS et de RMN ^{1}H, on obtient un mélange de produits indésirables dans lesquels nous n'avons pu identifier le produit souhaité ni un dérivé d'oxydation (Schéma 123).

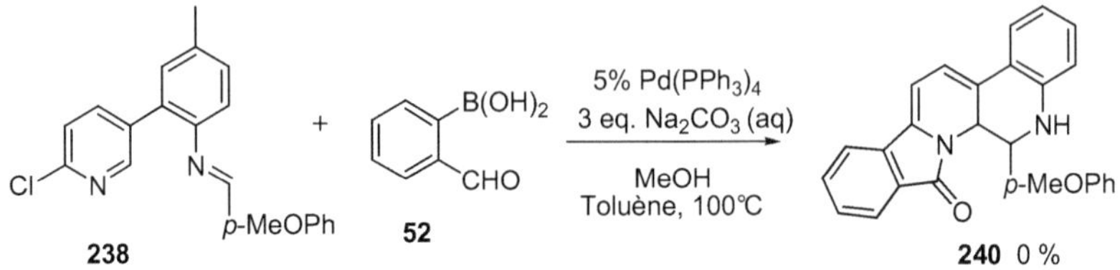

Schéma 123 : Réactivité de l'imine **238**

Nous avons donc montré qu'il est possible de changer un électrophile (aldéhyde) par d'autres (cétone ou l'imine) et permettre la formation régio-et diastéréosélective de nouveaux fluopens. De plus, nous apportons de nouveaux éléments qui confirment notre hypothèse mécanistique.

5- Conclusion

Des fluopens symétriques ou dissymétriques ont été synthétisés avec des rendements satisfaisants. Nous pouvons ainsi moduler aisément les substituants du fluopen sur le cycle central (positions 4 et 6) et sur les deux cycles benzéniques latéraux en *para* ou en *meta*. Nous avons pu isoler un grand nombre de fluopens qui seront étudiés pour leurs propriétés de fluorescence et biologiques. De plus, les pyridines substituées en position 6 par un groupement (hétéro)aromatique donnent la même diastéréosélectivité, alors qu'elles sont plus encombrées qu'un simple atome hydrogène ou un groupement méthyle. De plus, il est intéressant de noter que les fluopens 6-substitués sont également fluorescents à l'état solide alors que les fluopens non substituées sur cette position ne le sont pas.

Chapitre V : Applications des chromophores

La recherche de nouveaux chromophores organiques a connu un essor important ces dernières années comme le démontre le nombre d'applications croissantes dans des domaines allant de la chimie des matériaux à la biologie. Parmi ces chromophores, ceux possédant des propriétés de fluorescence représentent une famille importante puisqu'ils sont utilisés pour diverses applications biologiques (microscopie de fluorescence FRET,[106] labels de biomolécules,[9a] capteurs,[9b] ...) et dans le domaine des matériaux moléculaires (fluorescence à deux photons,[107] matériaux électroluminescents,[108] ...). Pour la génération de photo-courant, des chromophores très colorés et couvrant un large spectre du visible sont habituellement recherchés.[109] Parmi les chromophores actuels, le squelette BODIPY (BOronDIPYrromethene), fortement fluorescent, est utilisé dans diverses applications,[110] du fait de sa grande modularité structurale grâce au développement de nouvelles méthodes de fonctionnalisation.[111] Les besoins de notre société dans les domaines de la santé, des nouvelles technologies et énergétique nécessitent le développement de nouveaux chromophores à structure facilement modulable par des modifications chimiques permettant d'atteindre des propriétés nouvelles.

1- Fluorescence

Un objectif de la thèse était la modulation de la longueur d'onde d'émission de fluorescence des pentacycles en fonction des groupements présents sur la molécule. Comme nous l'avons vu dans le chapitre 3, plusieurs modifications structurales ont été apportées. Contrairement à l'absorption, il est plus difficile de prévoir le spectre d'émission d'un composé. Nous avons donc réalisé une étude préliminaire de mesure de rendement de fluorescence afin d'identifier les différentes positions du pentacycle et la nature des substituants qui influencent la fluorescence. Quelques produits ont été sélectionnés et leurs propriétés physico-chimiques et électrochimiques ont été étudiées plus en détail en collaboration avec l'équipe du Prof. P. Ceroni à l'université de Bologne en Italie.

---

[106] Sapsford, K. E.; Berti, L.; Medintz, I. L. *Angew. Chem. Int. Ed.* **2006**, *45*, 4562.
[107] Pawlicki, M.; Collins, H. A.; Denning, R. G.; Anderson, H. L. *Angew. Chem. Int. Ed.* **2009**, *48*, 3244.
[108] Kalinowski, J. *Opt. Mat.* **2008**, *30*, 792.
[109] (a) Ooyama, Y.; Harima, Y. *Eur. J. Org. Chem.* **2009**, 2903. (b) Mishra, A.; Fischer, M. K. R.; Bäuerle, P. *Angew. Chem. Int. Ed.* **2009**, *48*, 2474.
[110] (a) Erten-Ela, S.; Yilmaz, M. D.; Icli, B.; Dede, Y.; Icli, S.; Akkaya, E. U. *Org. Lett.* **2008**, *10*, 3299. (b) Rousseau, T.; Cravino, A.; Bura, T.; Ulrich, G.; Ziessel, R.; Roncali, J. *Chem. Commun.* **2009**, 1673.
[111] Ulrich, G.; Ziessel, R.; Harriman, A. *Angew. Chem. Int. Ed.* **2008**, *47*, 1184.

1.1-Méthode de mesure

Les mesures de spectroscopie UV-visible et de fluorescence ont été effectuées dans le dichlorométhane pour tous les pentacycles synthétisés précédemment. Les rendements de fluorescence ont été calculés par rapport à deux références : la fluorescéine et la rhodamine 6G. Pour chaque composé, ainsi que pour les deux références, des solutions de concentrations différentes ont été préparées. Celles-ci devaient avoir une absorbance A < 0.10 pour que la loi de Beer-Lambert soit appliquée. Les spectres d'émission ont été enregistrés après excitation à la λ_{max} d'absorption. Pour chaque concentration, l'absorbance (A) à λ_{max} d'absorption et l'intensité de fluorescence (I_F) à λ_{max} d'émission ont été enregistrées pour chaque échantillon à une concentration précise. Pour chaque composé, un graphique $I_F = f(A)$ a été établi pour déterminer le coefficient directeur (G) de la droite. Les rendements de fluorescence ont ainsi pu être calculés grâce à l'équation suivante :

$$\Phi_S = \Phi_R \cdot \left(\frac{G_S}{G_R}\right) \cdot \left(\frac{\eta_S}{\eta_R}\right)^2$$

R et S représentent respectivement la référence et l'échantillon, η représente l'indice de réfraction du solvant ($\eta_{(H_2O)}$= 1.33, pour la référence, et $\eta_{(CH_2Cl_2)}$ = 1.424, pour les échantillons). Le rendement quantique de fluorescence des références utilisées sont disponibles dans la littérature : la fluorescéine (Φ= 0.95 dans NaOH à 0.1 M)[112] et la rhodamine 6G (Φ= 0.95 dans H_2O).[113]

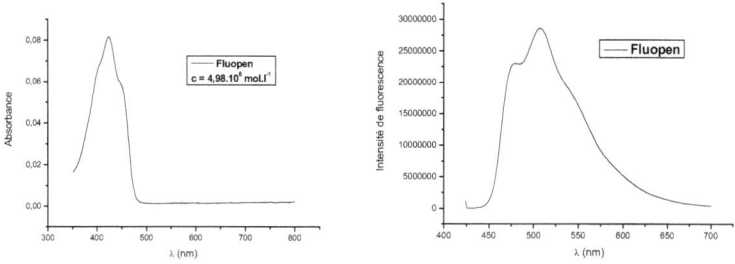

Figure 23 : Spectres d'absorption (à gauche) et d'émission (à droite) du fluopen

1.2- Effet de substitution en position 4

---

[112] Brannon, J.H.; Madge, D.; *J. Phys. Chem.* **1978**, *82*, 705
[113] Magde, D.; Rojas, G. E.; Seybold, P.; *Photochem. Photobiol.* **1999**, *70*, 737.

On observe un léger effet bathochrome quelque soit le substituant, effet un peu plus marqué en présence de groupements donneurs (OMe, SMe et NMe$_2$). La longueur d'onde d'émission suit à peu près la même tendance. Le fait le plus marquant est que les modifications structurales apportées sur la position 4 du pentacyle modifient fortement l'intensité de fluorescence. Un groupe méthyle augmente la fluorescence de façon considérable. Au contraire, un groupe phényle conduit à une chute importante de la fluorescence quelque soit la nature du groupement donneur ou accepteur porté par le cycle benzénique. Le maintien d'une fluorescence intéressante n'est observé que lorsque le phényle ne possède pas de substituant (Tableau 7).

Pentacycles substitués en position 4

Tableau 7 : Absorption et émission des fluopens-4-substitués

R	Produit	λ_{Abs} (nm)	λ_{Em} (nm)	Φ (%)
H	72	421	497	63
CH$_3$	65	424	506	91
C$_6$H$_5$	125	425	510	20
p-OMePh	129	427	516	5.5
p-SMePh	127	426	515	8.9
p-NMe$_2$Ph	128	429	520	1.6
p-CHOPh	126	425	510	1.0

1.3- Effet de substitution en position 6

Les longueurs d'onde d'absorption et d'émission sont très peu affectées par la substitution en 6. Tous les cas étudiés présentent une fluorescence élevée voire très élevée. Il est difficile de ressortir une tendance sur la variation de la fluorescence en fonction de la nature électronique du subsituant en 6 étant donné que celui-ci n'est pas conjugué avec le reste du pentacycle (Tableau 8). Les différences de fluorescence observées sont certainement dues à d'autres facteurs que des études plus détaillées devraient expliquer. Il faut noter que tous ces produits présentent de la fluorescence à l'état solide. Ainsi, le pentacycle avec un méthyle présente une intensité de fluorescence à l'état solide 30 fois supérieure au fluopen. Ce résultat peut s'expliquer par une gêne stérique générée par un substituant en position 6 qui empêche l'empilement des chromophores par π-stacking et qui inhibe de ce fait le quench de fluorescence par interaction chromophore – chromophore.

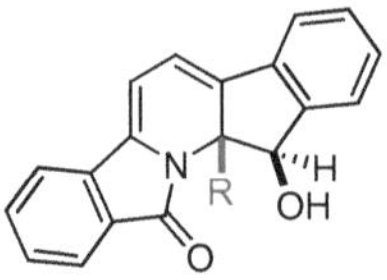

Tableau 8 : Absorption et émission des fluopens-6-substitués

R	Produit	λ_{Abs} (nm)	λ_{Em} (nm)	Φ (%)
H	72	421	497	63
Me	73	421	501	84
Ph	104	422	504	75
p-OMePh	138	422	503	66
p-SMePh	139	423	504	46
p-CHOPh	140	422	504	44
p-CH$_2$OHPh	143	422	503	43
4-pyridyl	142	421	501	37
CH$_2$-OPh	146	425	505	51

1.4- Effet de substitution latérale « symétrique »

Les pentacycles substitués de façon symétrique en *meta* ou en *para* sur les cycles benzéniques latéraux provoquent une modification de la fluorescence en fonction de la nature et de la position du substituant. La fluorescence n'est pas affectée par des groupements accepteurs sur les cycles benzéniques tels que le fluor en *para* et le méthoxy situé en position *meta*. Au contraire, les groupements donneurs en *para* (MeO et NMe$_2$) conduisent à une chute de la fluorescence. D'une manière générale, on observe que le déplacement du spectre d'absorption vers les grandes longueurs d'onde s'accompagne d'une baisse de fluorescence (Tableau 9).

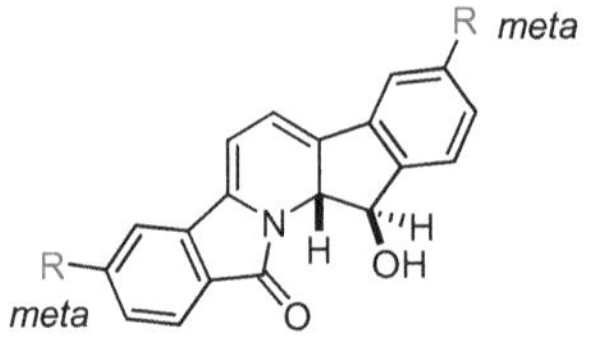

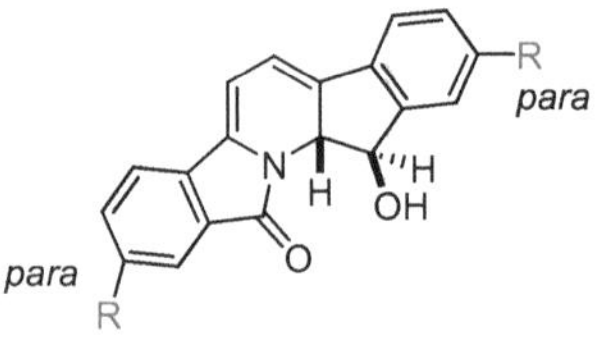

Tableau 9 : Absorption et émission des fluopens « symétriques »

R	Produit	λ_{Abs} (nm)	λ_{Em} (nm)	Φ (%)
H	**72**	421	497	63
OMe (*para*)	**189**	430	519	12
NMe$_2$ (*para*)	**191**	468	597	8
F (*para*)	**192**	420	498	63
OMe (*meta*)	**190**	424	504	64

1.5- Effet de substitution latérale « dissymétrique »

C'est dans cette série que les résultats de fluorescence sont les plus surprenants (Tableau 10). En effet, la position du groupement donneur « à gauche » ou « à droite » de la molécule joue un rôle primordial sur la fluorescence. Lorsque le groupement donneur est placé « à droite » (R_1 = OMe ou NMe$_2$ et R_2 = H), la fluorescence est fortement inhibée tandis que lorsque celui-ci est placé « à gauche » (R_1 = H et R_2 = OMe ou NMe$_2$), la fluorescence est considérablement augmentée. Les λ_{max} d'absorption et d'émission varient plus fortement lorsque le groupement donneur est situé « à droite » ce qui n'est pas très favorable par rapport à notre premier objectif qui était de moduler la longueur d'onde d'émission de fluorescence tout en gardant un rendement de fluorescence élevé. Toutefois, les deux produits possédant le groupe NMe$_2$ « à gauche » ont retenu notre attention puisque les spectres d'absorption et d'émission ont pu être déplacés vers le rouge toute en gardant un rendement de fluorescence élevé autour de 55%. Comme dans le cas des pentacycles « symétriques », un substituant en *meta* n'apporte pas de modification. Il serait donc intéressant d'étudier des pentacycles « dissymétriques » possédant un groupement donneur « à droite » en *para* **et** un groupement accepteur « à gauche » également en *para*.

Tableau 10 : Absorption et émission des fluopens « dissymétriques »

R_1, R_2	Produit	λ_{Abs} (nm)	λ_{Em} (nm)	Φ (%)
H, H	72	421	497	63
H, OMe(*para*)	210	422	479	96
H, NMe$_2$ (*para*)	212	438	518	54
OMe (*para*), H	209	430	525	3
NMe$_2$ (*para*), H	214	470	620	3
NMe$_2$ (*para*), OMe (*para*)	211	465	609	3
OMe (*meta*), NMe$_2$ (*para*)	213	440	520	56

Ces études préliminaires, résumées dans le figure ci-dessous, ont montré que ces composés polycycliques possèdent d'excellentes propriétés de fluorescence pouvant être modulées en fonction des groupements fonctionnels présents dans la molécule, de leur nature électronique et de leur position sur le cycle central ou sur les cycle latéraux.

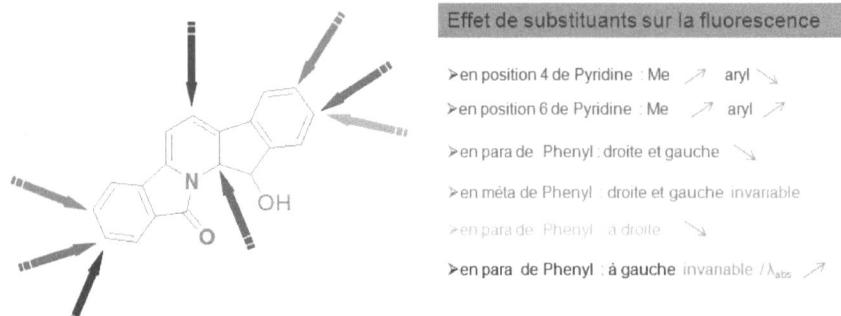

Figure 24 : Effet de la substitution sur la fluorescence

Des études plus détaillées sur les propriétés photo-physiques de ces chromophores sont en cours de réalisation en collaboration avec l'équipe du Prof. P. Ceroni à l'université de Bologne en Italie. Les premiers résultats sont présentés dans le rapport ci-dessous.

1.6- Propriétés photophysiques des fluopens : Importance de la position du groupement MeO

Dans le but de comprendre l'effet des substituants sur la fluorescence, nous avons sélectionné sept produits qui ont été étudiés par l'équipe du Prof. Ceroni. En plus des composés de référence (**65, 72** et **73**), les fluopens (**129, 189, 209** et **210**) ont été analysés afin de comprendre l'effet de la position du groupement methoxy sur la fluorescence (Figure 25).

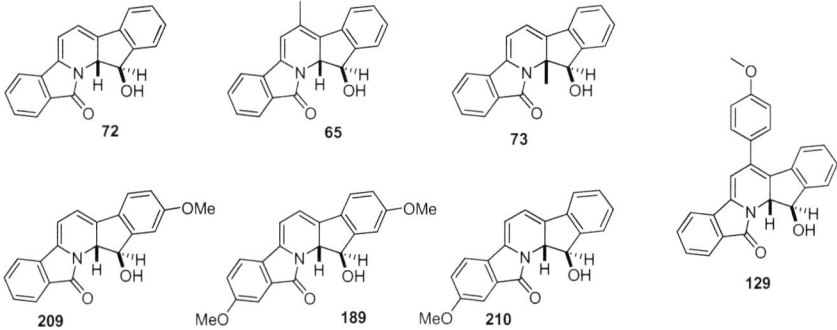

Figure 25: Fluopens étudiés à Bologne

Les propriétés photophysiques ont été étudiées en solution dans différents solvents de polarité et de viscosité différentes à 298 K et à 77 K afin d'analyser l'effet de ces paramètres sur les propriétés photophysiques. Le fluopen **65** n'était pas totalement stable: lors de la dilution, nos collaborateurs ont observé des changements dans les spectres d'absorption et ont ainsi décidé de ne pas l'étudier.

Les spectres d'absorption dans l'acétonitrile des fluopens étudiés présentent une bande avec un maximum à environ 420 nm et une seconde bande dans la région UV (250-270 nm) (Figure 26). Tous les fluopens présentent une bande d'émission avec un maximum à environ 500 nm qui peut être attribuée à la désactivation de fluorescence ($S_1 \rightarrow S_0$) comme l'atteste les temps de vie très courts inférieur à 5 ns (Tableau 11).

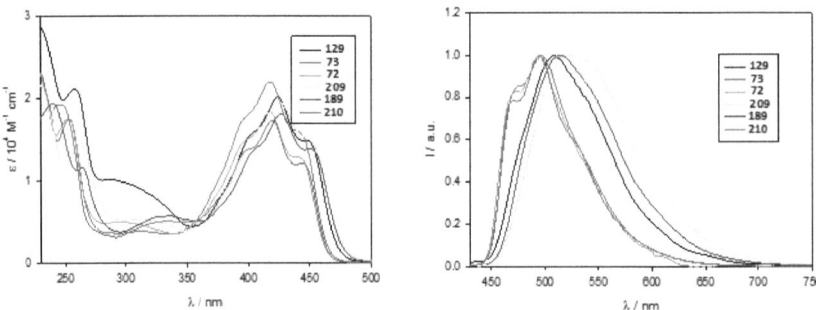

Figure 26 : Absorption (à gauche) et émission (à droite) de quelques fluopens en solution dans l'acétonitrile à 298 K. Les spectres d'émission sont normalisés en intensité. λ_{ex} = 440 nm.

Les fluopens **72** et **73** ont des spectres d'absorption et d'émission pratiquement confondus, en dehors du coefficient d'extinction molaire légèrement plus élevé pour **73**. Le substituant méthyle dans **73** ne devrait pas apporter de changements électroniques importants. Les fluopens **129, 189** et **209** montrent un maximum d'énergie plus faible décalé vers le rouge à la fois pour la bande absorption et d'émission (Figure 26). Ceci peut être attribué au groupement méthoxy porté par les fluopens **189** et **209** et par le groupement phényle fixé sur le noyau pyridinique de **129**. D'autre part, le fluopen **210**, qui contient un seul substituant méthoxy en position *para* à gauche, présente la transition énergétique la plus faible à la même énergie que celles observées pour **72** et **73** (comparer les spectres l'absorption et d'émission dans la figure 26). La bande d'absorption de **210** dans la gamme 300-370 nm est très similaire à celle de **189**.

Une autre différence intéressante entre les deux familles de fluopens est le rendement quantique de fluorescence (Tableau 11) : Il est très élevé pour **72** (0.33), **73** (0.36) et **210** (0.66) et 10 fois plus faible pour les dérivés **129, 189** et **209**. En conséquence, la durée de vie de fluorescence à l'état excité est beaucoup plus courte pour les trois derniers composés, en dessous du temps de résolution instrumentale. Le « quenching » de fluorescence des fluopens **129, 189** et **209** montre qu'il y a un supplément de décroissance non-radiatif en compétition avec celui radiatif pour ces fluopens. Cette voie supplémentaire pourrait être une réaction de transfert de proton à l'état excité beaucoup plus rapide pour **129, 189** et **209** par rapport aux autres composés. Afin d'explorer cette possibilité, des dosages acido-basiques ont été effectués et les modifications ont été observées à la fois sur les spectres d'absorption et d'émission de **209** et **210**. L'addition de tributylamine provoque une diminution de 20% de l'intensité d'émission pour **210** alors qu'aucun changement n'est observé pour **209**. D'autre part, l'addition d'acide trifluoroacétique à **210** ne provoque aucune variation significative, tandis qu'une augmentation de 30% de l'intensité d'émission de **209** est observée. Ces résultats montrent un comportement différent de **209** et **210** en fonction du milieu acide ou basique mais ne permet pas de conclure sur l'implication du groupement OH sur la fluorescence. Dans le but de trancher sur cette question, nous avons modifié la structure de **72**, **209** et **210** en introduisant un groupement methoxyméthyl (MOM) sur la fonction OH (Figure 27)

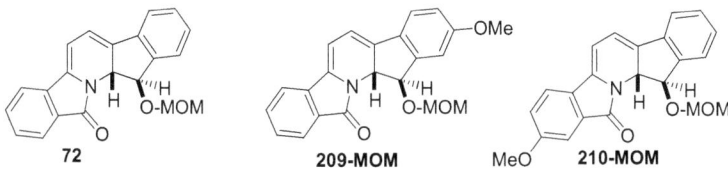

Figure 27 : Composés protégés par un groupement MOM

D'après l'analyse des propriétés photophysiques (Tableau 11), aucune modification significative n'a été observée pour les composés protégés **209-MOM** et **210-MOM** par rapport à **209** et **210** respectivement ; toutefois, le rendement de fluorescence de **210-MOM** est plus faible par rapport à **210**. Ce résultat exclut le mécanisme de transfert de proton comme responsable des rendements de fluorescence bas de **129**, **209** et **189**.

Tableau 11 : Données photophysiques en solution dans l'acétonitrile à 298 K et dans l'EtOH à 77 K.

	Absorption		298 K			77K	
	λ_{max} (nm)	$\epsilon/10^4$ ($M^{-1}cm^{-1}$)	λ_{max} (nm)	τ (ns)	Φ_{em}	λ_{max} (nm)	τ (ns)
72	417	1.8	494	2.2	0.33	463	5.5
73	417	2.2	497	2.7	0.36	464	5.3
129	424	2.0	509	< 0.8	0.01	470	6.4
209	425	2.0	523	< 0.8	0.01	484	4.5
189	426	1.8	515	< 0.8	0.03	480	4.8
210	419	1.7	495	4.7	0.66	464	5.8

Dans l'EtOH comme matrice rigide à 77K (Figure 28), la bande de fluorescence de tous les fluopens étudiés présente une structure vibrationnelle et la variation d'intensité d'émission est en accord avec les durées de vie dans la gamme de 5-6 ns (Tableau 11). Ceci est une indication que la désactivation non-radiative observée pour **129**, **189** et **209** est empêchée à 77 K.

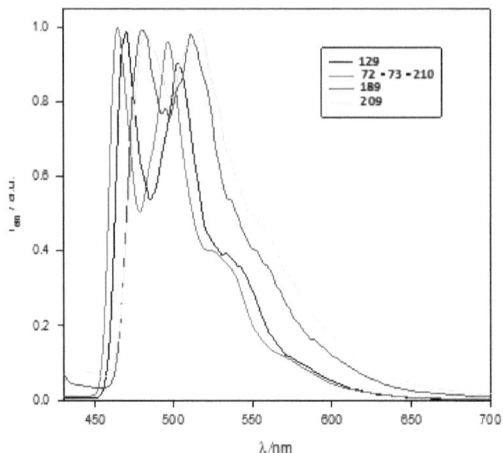

Figure 28 : Spectres d'émission des fluopens dans l'EtOH à 77 K. λ_{ex} = 440 nm.

Les propriétés d'émission en fonction de la température ont donc été étudiées. En augmentant la température de 298 à 333 K d'une solution de **210** dans l'acétonitrile, une légère diminution de l'intensité d'émission (d'environ 13%) a été observée. L'intensité d'émission initiale est restaurée en refroissant de nouveau à 298 K.

Pour vérifier s'il existe une voie de désactivation thermique qui éteint la luminescence de **129**, **189** et **209**, l'effet de la diminution de température sur le temps de vie (qui est directement connecté au rendement quantique de fluorescence) a été étudié entre 300 et 85 K pour **189** (faiblement émetteur à 298 K) en solution dans l'éthanol (Figure 29). La durée de vie est extrêmement courte (environ 0.5 ns) dans la zone 200-300 K et croit de façon significative à l'approche de la transition liquide-solide du solvant, atteignant environ 4.8 nsà 85K. Un déplacement vers le bleu de 513 à 480 nm est observé pour la bande maximale d'émission en passant de 300 à 85 K. Cette augmentation abrupte de la durée de vie associée au déplacement du maximum d'émission suggère que la rigidité de la matrice influence les propriétés photophysiques. Ces résultats sont en accord avec un effet rigidochromique : dans une matrice rigide, le solvant ne peut pas se réorganiser autour de l'état excité (qui présente une distribution électronique différente par rapport à l'état fondamentale) et crée une sorte de cage où toute désactivation non radiative est ralentie.

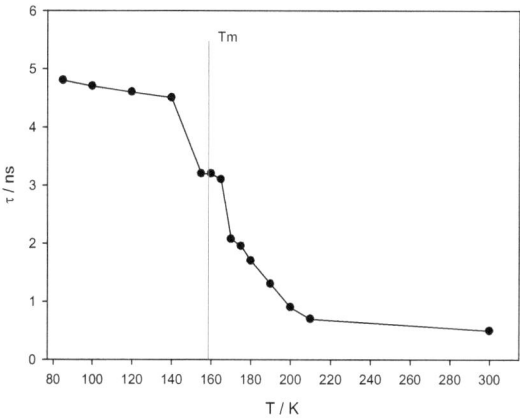

Figure 29: Dépendence de la durée de vie d'émission de **189** en fonction de la temperature dans l'éthanol. T_m représente le point de fusion du solvant.

Pour étudier plus en detail l'effet de la viscosité du solvent sur les propriétés photophysiques, les composés **73** et **189** ont été étudiés dans un solvant très visqueux tel que le polypropylene glycol (PG) et les resultats ont été comparés avec ceux obtenus dans des solvants de polarités différentes (Tableau 12). Dans les solutions fluides, les propriétés photophysiques (bande maximum d'émission, rendement quantique et temps de vie) sont principalement déterminées par la polarité plutôt que par la viscosité du milieu. En effet, dans des solvants de viscosité différente et de polarité similaire (acétonitrile, PG, ethanol), le temps de vie d'émission est presque constant, mais dans les solvants de viscosité similaire et de polarité différente (acétonitrile et dichlorométhane), le temps de vie est double.

Pour **189**, les mesures ont également été effectuées dans un film de polyméthylméthacrylate (PMMA), obtenu par spin-coating d'une solution dans le dichlorométhane d'un mélange 50:1 en masse de PMMA/**189**. Le film est fortement émetteur (le rendement quantique de fluorescence n'a pas pu être mesuré) et présente un temps de vie supérieur à 2 ns, confirmant ainsi que la rigidité est un paramètre important. Ce résultat est très important dans l'optique de futures applications des fluopens dans des dispositifs à l'état solide.

Tableau 12 : Maximum d'émission et temps de vie de **73** et **189** dans des solvants de polarité et de viscosité différente à 298 K.

Solvant	Constante diélectrique	Viscosité (mPa)	73		189	
			λ_{max}(nm)	τ (ns)	λ_{max}(nm)	τ (ns)
Acétonitrile	36.64	0.345	497	2.7	517	0.42
Dichlorométhane	8.93	0.449	500	4.6	518	0.72
Ethanol	25.3	1.2	495	2.3	513	0.50
PG	32.1	40.4	500	2.5	506	0.44

2- Activités biologiques des fluopens

2.1- Activité antibactérienne

Les infections nosocomiales ou infections liées aux soins sont devenues un sujet de préoccupation entraînant depuis trop peu de temps une réelle prise de conscience au plan national comme international. Les infections liées aux soins comprennent les infections nosocomiales (contractées dans un établissement de santé) et également les soins délivrés en dehors des établissements de santé. Ces infections nosocomiales sont essentiellement dues à des bactéries telles que : Escherichia coli, Staphylococcus aureus, Pseudomonas aeruginosa et Enterococcus faecalis

L'utilisation de façon abondante d'antibiotiques dans le traitement de ces infections, ainsi que l'utilisation abusive de désinfectants/décontaminants/antiseptiques pour éviter la venue de ces infections a provoqué l'apparition de bactéries ayant développées des formes de résistance.

C'est pourquoi la recherche est en cours pour de nouveaux médicaments pour «lutter» contre ces bactéries résistantes qui sont malheureusement devenues plus nombreuses et répandues. De nouvelles molécules sont déjà très prometteuses, mais sont en cours de développement. Les chercheurs ont plusieurs hypothèses sur les nouveaux traitements, allant des molécules synthétisées chimiquement à des molécules dont on ne soupçonnait pas l'effet bactéricide sur ce type de bactéries.

Alors que les résistances aux antibiotiques sont désormais bien connues et identifiées, ce sont les résistances aux antiseptiques qui sont encore mal connues et appréhendées.

Qu'est-ce qu'une maladie nosocomiale ?

Le terme nosocomial vient du grec « *nosokomeone* » qui signifie hôpital. Une infection nosocomiale est une infection contractée dans un établissement de soins. Si l'infection apparaît très tôt, moins de 48h après l'admission, on en déduit généralement que l'infection était en incubation au moment de l'admission. Pour les infections de site opératoire, on considère comme nosocomiales les infections survenant dans les 30 jours suivant l'intervention chirurgicale, s'il s'agit d'une mise en place de prothèse ou d'implant dans l'année suivant l'intervention.

Trois origines principales d'infections nosocomiales :

Auto infection : le malade s'infecte avec ses propres microorganismes. Les « portes d'entrée » sont les lésions des muqueuses, les lésions cutanées (plaies, brûlures…). Les agents pathogènes sont ceux de la peau, des muqueuses, du tractus digestif, etc. Ce mécanisme est favorisé par différents facteurs : la dissémination des microorganismes du patient dans son environnement (son lit par exemple), par l'utilisation de traitements pouvant altérer l'immunocompétence (chimiothérapie, immunosuppresseurs…), par l'administration de traitements sélectionnant certaines bactéries à d'autres (antibiothérapie à large spectre). Les patients immunodéprimés sont les personnes qui encourent le plus de risque étant donné le défaut de vigilance de leur système immunitaire.

Hétéro infection : ici, le microorganisme responsable de l'infection provient d'un autre malade ou du personnel soignant (la transmission se faisait le plus souvent par contact) intervenant auprès de plusieurs patients ce qui facilite la dissémination des microorganismes. Ces infections sont dites « croisées ». C'est le mode de contamination retrouvée le plus fréquemment lors des épidémies, cependant, certains microorganismes se transmettent par les voies aériennes (climatisation…). Il peut aussi arriver, mais dans des cas très rares, que les microorganismes soient transmis de patient à patient (cas des chambres multiples).

Exo infection : la transmission est ici due à un dysfonctionnement technique d'un matériel (filtre à air, autoclave…) destiné à la protection des patients. Les microorganismes sont transmis par « erreur » au patient (légionnelle…). Une erreur commise lors de l'exécution des procédures de traitement du matériel médico-chirurgical peut également être à l'origine de l'infection.

Critères favorisant le développement des infections nosocomiales : l'âge, le sexe, la durée du séjour, les interventions chirurgicales, l'utilisation mal maîtrisée des antibiotiques, résistance des bactéries à certains antibiotiques…

La résistance, en particulier acquise aux antibiotiques, bien qu'observée dès la découverte de la pénicilline G avec *Staphylococcus aureus* est devenue un sujet de préoccupation entraînant depuis trop peu de temps une réelle prise de conscience au niveau national comme international. Il existe différents modes de défense par la bactérie : résistances naturelle (sa structure ou son métabolisme) ou acquise (mutation, acquisition de nouveaux gènes).

Principaux mécanismes de résistance des bactéries pouvant être observés :

Modification de la perméabilité : le but est d'empêcher l'accès de l'antibiotique à sa cible. On observe alors un minimum de porines ou une modification de leur structure, et/ou un mécanisme d'efflux actif.

Synthèse d'enzymes inactivatrices : ici, il s'agit d'inactiver l'antibiotique et ainsi, de le rendre inoffensif (par exemple pénicillases).

Modification de la cible : dans ce cas, la cible est inaccessible ou insensible à l'action de l'antibiotique.

Séquestration de l'antibiotique/protection de la cible : l'objectif est de substituer à la cible une autre molécule moins vulnérable, ou capable de piéger l'antibiotique.

Souches étudiées

a) *Escherichia coli* ATCC 25 922

E.coli est une bactérie très courante. Son habitat est le colon humain et c'est un hôte normal de la flore intestinale. *E.coli* a normalement une fonction de régulation de bactéries nuisibles et permet de synthétiser de nombreuses vitamines. Elle a été retrouvée chez la plupart des mammifères. De plus *E.coli* est spécifique des espèces, cela signifie qu'aucun hôte non-humain n'est connu à ce jour pour les infections causées par *E.coli* chez l'Homme. Elle est à l'origine d'infections pulmonaires nosocomiales chez les personnes gravement malades.

b) Pseudomonas aeruginosa ATCC 27 853

Son nom signifie « pue bleu » en raison de la production de pyocyanine. Ces bactéries sont largement répandues dans l'environnement, elles vivent en saprophyte dans le sol et l'eau. Elles peuvent se rencontrer chez l'Homme au niveau des flores commensales. L'espèce *P. aeruginosa* intervient fréquemment comme pathogène opportuniste et est responsable d'infections nosocomiales de plus en plus graves et fréquentes. Elle entraîne dans les organismes affaiblis des infections diverses, voire une septicémie.

c) Enterococcus faecalis ATCC 29 212

Ces bactéries sont présentes dans l'intestin de l'Homme et des animaux, dans les eaux usées et dans le sol. Bien que ce germe soit répandu dans le monde entier, cela ne fait quelques années qu'il est reconnu comme un pathogène à transmission nosocomiale. *E.faecalis* est un germe pathogène opportuniste responsable de septicémies, et d'autres maladies graves.

d) *Staphylococcus aureus* ATCC 25 923 et ATCC 29 213

Ce germe est présent en saprophyte dans le milieu extérieur (eau, sol, air) et en commensale sur la peau et les muqueuses de l'Homme et des animaux. Il peut être responsable d'infections locales telles que des infections cutanées ou généralisées comme des septicémies. De plus, les souches hospitalières sont multirésistantes et en particulier aux β-lactamine.

Afin de trouver de nouvelles molécules antibactériennes, quelques fluopens ont été testés par l'équipe du Dr. R. Duval à Nancy. Les neuf produits testés sont représentés dans la figure 30. Ces molécules ont été étudiées par la mesure de leur CMI (concentration minimale inhibitrice). La CMI en microméthode est une technique permettant de déterminer la concentration minimale à laquelle la drogue aura un effet antibactérien sur les germes étudiés. Elle a été réalisée en microplaque 96 puits à fond rond.

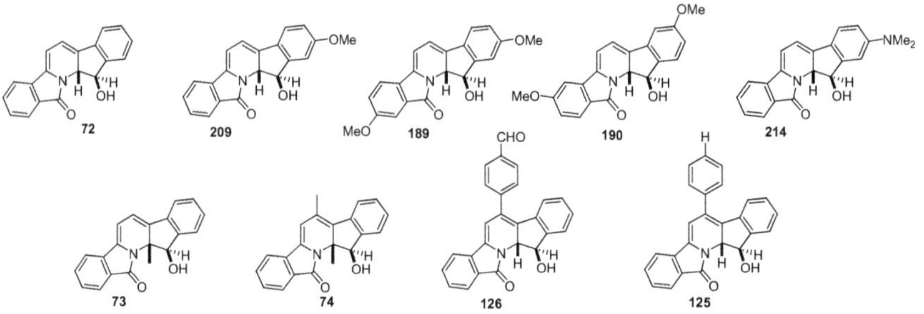

Figure 30 : Fluopens testés comme antibactériens

La réalisation de CMI est donc nécessaire afin de vérifier l'action des fluopens sur les bactéries à différentes concentrations de drogue et ainsi voir leur efficacité. Chaque CMI a été déterminée 1 fois, par méthode de dilution en milieu aqueux Mueller Hinton (dissolution de la drogue préalablement filtrée en eau distillée stérile) en plaque de 96 puits. Pour chaque CMI, trois témoins ont été réalisés : témoin milieu, témoin milieu+ drogue et témoin bactéries (sans drogue).

Les plaques ont été ensemencées avec un inoculum de 10^5 à 10^6 bactéries. La détermination de la turbidité a été effectuée à 24 h par lecture de l'absorbance à 540 nm.

Tableau 13 : CMI en µg/mL des différents fluopens vis-à-vis de différentes souches de bactéries.

Produit	Escherichia coli ATCC 25922	Pseudomonas aeruginosa ATCC 27853	Enterococcus faecalis ATCC 29212	Staphylococcus aureus ATCC 25923	Staphylococcus aureus ATCC 29213
72	> 256	256 (CMI_{50})	256	> 256	> 256
209	> 256	256 (CMI_{50})	256	> 256	> 256
189	> 256	> 256	256	256 (CMI_{50})	> 256
190	256 (CMI_{50})	> 256	> 256	256	> 256
214	-	-	-	-	-
73	> 256	256 (CMI_{50})	8	> 256	> 256
74	> 256	256 (CMI_{50})	128	256 (CMI_{50})	> 256
126	> 256	> 256	256	> 256	> 256
125	> 256	> 256	128	256 (CMI_{50})	256 (CMI_{50})

Les résultats préliminaires montrent que les fuopens ont une activité antibactérienne sur les différentes souches citées. Le fluopen 6-méthylé ou **73** a montré une activité très importante contre *Enterococcus faecalis* avec une CMI de 8 µg/mL.

2.2- Activité anti-cancéreuse

Plusieurs fluopens avec des fonctionnalités différentes ont été étudiés par l'équipe du Dr. A. Wagner (Directeur de recherche à l'université de strasbourg) (Figure 31).

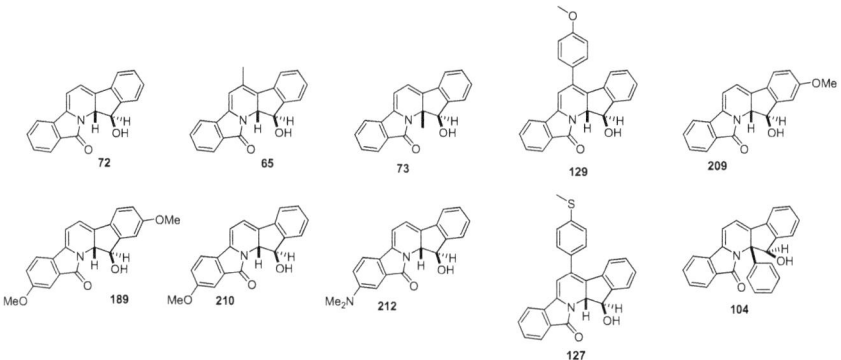

Figure 31 : Produits testés pour leur activité anti-cancéreuse

Dans un premier temps, il était nécessaire de tester la cytotoxicité de ces fluopens *in vitro*. Celle-ci a été réalisée sur une lignée de cellules cancéreuses du foie (Huh7) par le test MTT.

Le **test MTT** est une méthode rapide de numérotation de cellules vivantes. Le réactif utilisé est le sel de tétrazolium MTT (bromure de 3-(4,5-diméthylthiazol-2-yl)-2,5-diphényl tétrazolium). Le tétrazolium qu'il contient est réduit par la succinate déshydrogénase mitochondriale des cellules vivantes actives, en formazan. Ceci forme un précipité dans la mitochondrie de couleur violette. La quantité de précipité formée est proportionnelle à la quantité de cellules vivantes (mais également à l'activité métabolique de chaque cellule). Il suffit donc après l'incubation des cellules avec du MTT pendant un certain temps à 37 °C de dissoudre les cellules, leur mitochondries et donc les précipités de Formazan violets dans du DMSO 100 %. Un simple dosage de la densité optique à 550 nm par spectroscopie permet de connaître la quantité relative de cellules vivantes et actives métaboliquement.

Les experiences ont été réalisées dans des plaques à 96 puits avec des cellules Huh7 cultivées dans les milieux de culture RPMI (Roswell Park Memorial Institute) 1640 supplémenté avec 10% sérum de veau foetal et 1 mM de glutamine (200 µL par puits). Les cellules ont été incubées avec le fluopen à différentes concentrations à 37°C pendant 24 heures. Après incubation des cellules traitées, le surnageant a été remplacé par du milieu de culture frais contenant du MTT (300µg/mL). Après 2 heures d'incubation à 37°C, les milieux ont été soigneusement enlevés et 100 µL de DMSO ont été ajoutés pour solubiliser les cristaux de formazan générés par la réduction du MTT induite par les enzymes mitochondriales. L'absorbance a été mesurée à 595 nm en utilisant un lecteur microplaque spectrophotométrique (Synergy HT, Biotek). Les viabilités cellulaires ont été exprimées en pour cent des cellules témoins non traitées (Figure 32).

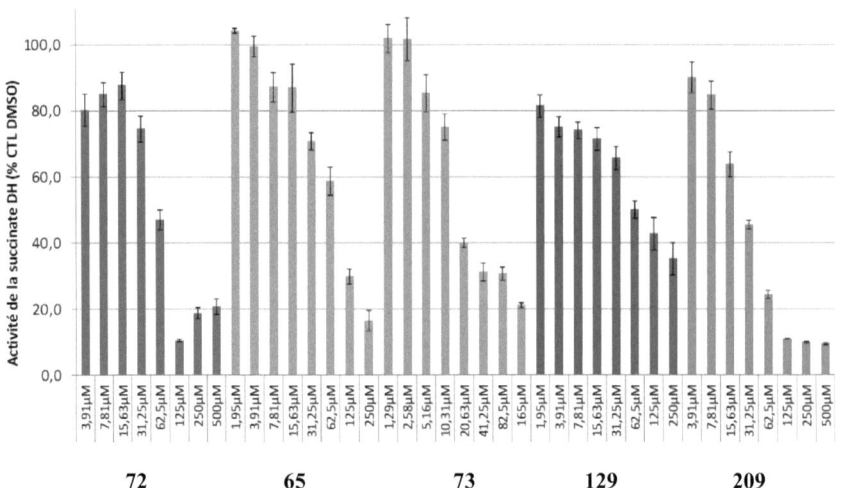

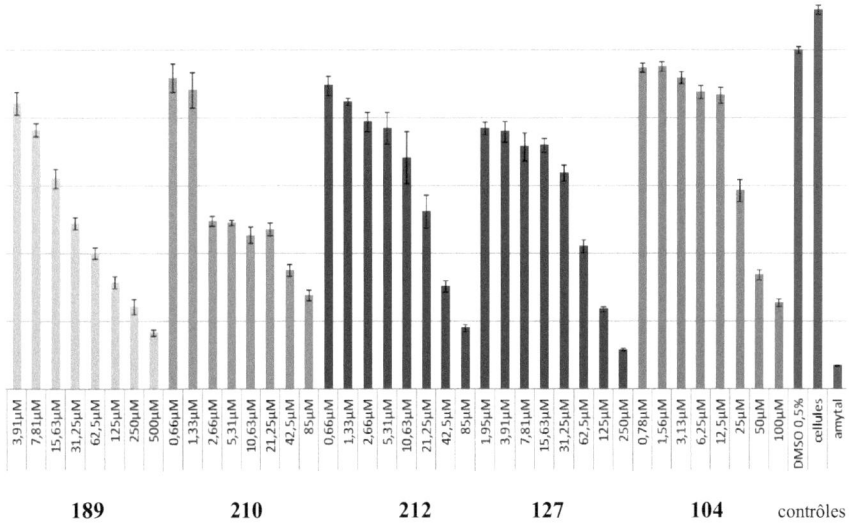

Figure 32: Cytotoxicité des fluopens

Les valeurs de DL$_{50}$ (dose léthale médiane) approximatives sont résumées dans le tableau 14 ci-dessous :

Tableau 14 : les valeurs approximatives de DL$_{50}$

Produit	72	65	73	129	209	189	210	212	127	104
DL$_{50}$ (µM)	60	80	15	60	25	30	3	30	65	104

Tous les produits testés présentent une cytotoxicité mais aucun ne conduit à la mort complète des cellules (aux concentrations testées). Le fluopen 6-méthyle **73**, le fluopen *p*-méthoxy à droite **209** et le fluopen avec les deux groupes *p*-méthoxy **210** ont montré des résultats très intéressants et ont été sélectionnés pour des tests d'inhibition de la gyrase. La gyrase est une enzyme de la famille des ADN topoïsomérases. Ces enzymes font actuellement l'objet d'une activité de recherche intense, en particulier parce qu'elles sont les cibles pharmacologiques d'importants agents anticancéreux. Les inhibiteurs peuvent agir au niveau de la célule cancéreuse en ciblant l'ADN gyrase. Cette action va inhiber la gyrase et va donc empêcher la multiplication céllulaire. Ces tests sont actuellement en cours dans le laboratoire du Dr. A. Wagner.

Conclusion

Les résultats préliminaires de fluorescence et en biologie montrent des potentialités très intéressantes pour ces pentacycles. Ces résultats associés à la grande modularité structurale de ces pentacyles laissent entrevoir plusieurs applications futures.

Conclusion générale et perspectives

Au cours de ce travail, nous avons développé une nouvelle réaction cascade pallado-catalysée qui nous a permis d'accéder à une grande famille des chromophores pentacycliques à partir de produits simples et faciles d'accès. Lors de cette cascade, quatre nouvelles liaisons sont formées ainsi que deux centres stéréogènes contigus avec une configuration *trans*. Les structures de plusieurs composés ont été déterminées par DRX

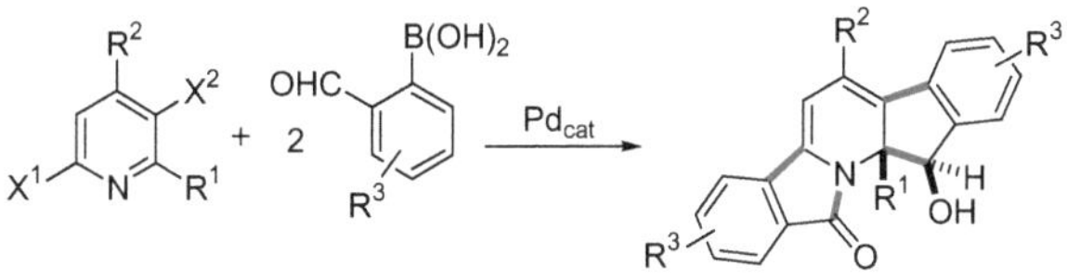

Le mécanisme de cette cascade originale a été étudié par l'isolement et la caractérisation des principaux intermédiaires. Des approches expérimentales et théoriques ont été mises en œuvre pendant cette étude mécanistique qui nous ont permis de proposer un mécanisme et d'expliquer à la fois la régio- et la diastéréosélectivité de pentacycle.

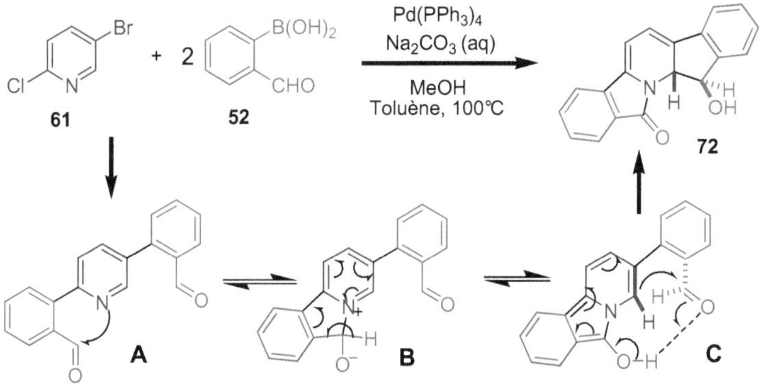

Après avoir optimisé les conditions catalytiques de la réaction, nous avons mis au point deux voies de synthèse (A et B) qui nous ont permis d'accéder à des nouveaux pentacycles avec une grande modularité fonctionnelle à partir d'une entité pyridinique et de deux entités benzéniques identiques ou différemment substituées.

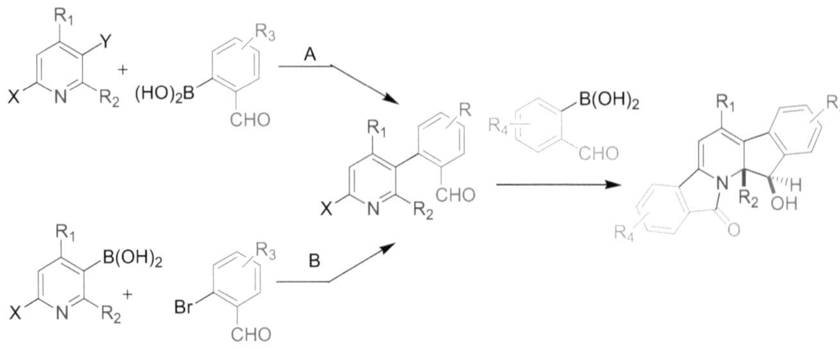

Nous avons ensuite réalisé des études préliminaire de fluorescence qui montrent que ces chromophores possèdent dans la majorité de cas des rendements de fluorescence élevés proche de 100% et de larges déplacements de Stockes d'environ 80 nm laissant présager un grand nombre d'applications potentielles. Des études plus approfondies ont été effectuées en collaboration avec le groupe du Prof. P. Ceroni. Ils ont montré en particulier que certains pentacycles non fluorescents en solution possèdent une fluorescence très élevée dans un milieu rigide (éthanol à froid ou matrice polymère). De plus, des tests biologiques effectués par les groupes du Dr. R. Duval et du Dr. A. Wagner ont montré que ces composés possèdent en général une cytotoxicité intéressante envers des cellules cancéreuses ainsi qu'une activité anti-bactérienne.

En perspective, nous nous intéresserons en premier lieu à l'élaboration de sondes fluorescentes. Dans le but de créer une nouvelle sonde fluorescente pour les anions, et notamment pour les ions fluorure, nous avons pensé à fonctionnaliser la pyridine par un groupement de type silane. La pyridine ainsi préparée, serait mise en réaction avec l'acide 2-formylbenzeneboronique, en présence de Pd(PPh$_3$)$_4$ pour obtenir le composé de double couplage, non cyclisé. La présence d'ion fluorure déclencherait la désilylation du noyau pyridinique, libérant l'azote de son encombrement et permettant ainsi la cyclisation et l'apparition de fluorescence.

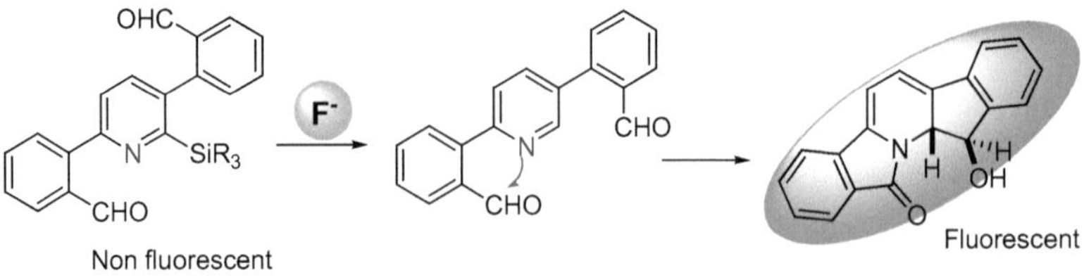

Le substrat nécessaire au double couplage pourra être obtenu à partir de la trihalogénopyridine **100** en utilisation une méthode d'échange halogène-lithium décrite au laboratoire.[114]

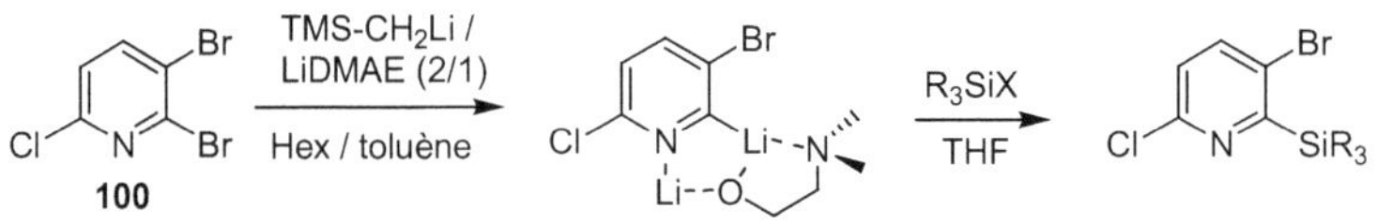

Lors de notre étude sur la synthèse de fluopens « dissymétriques », nous avons noté que le fluopen avec un groupement diméthylamino « à droite », non fluorescent, devenait fluorescent en milieu acide.

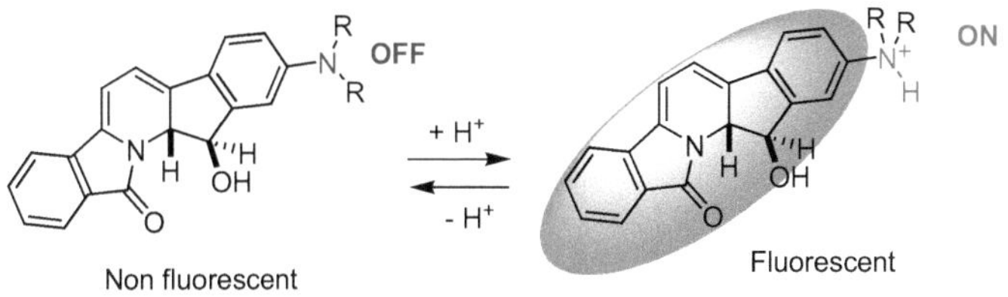

D'une part, ce composé représente une excellente sonde à pH et d'autre part, ce résultat montre qu'un groupement accepteur « à droite » du pentacycle devrait conduire à une fluorescence élevée. Malgré quelques essais de synthèse infructueux de fluopens possédant des groupements accepteurs « à droite » (CN, NO$_2$), nous espérons accéder à des fluopens très fluorescents à différentes longueurs en plaçant à la fois des groupements donneurs « à gauche » et des groupements accepteurs « à droite ». Une voie de synthèse possible est représentée ci-dessous :

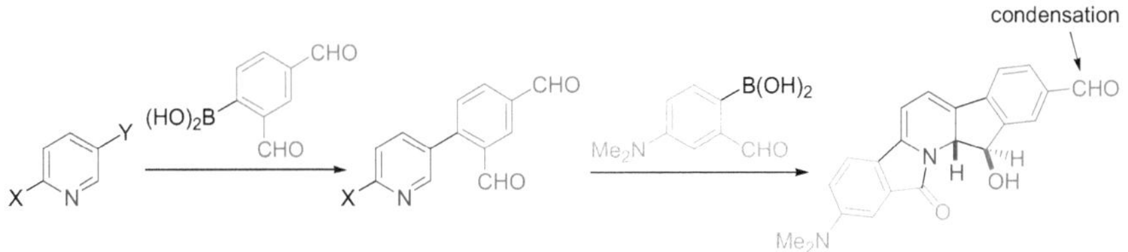

---

[114] Gros, P.C.; Elaachbouni, F. *Chem. Commun.* **2008**, 4813.

D'un point de vue synthétique, nous avons noté une réactivité inattendue des fluopens non substitués en 6 vis-à-vis d'oxydants. Ainsi, le traitement du fluopen simple avec de l'oxyde d'argent dans l'acétonitrile en présence d'iodométhane a conduit à un produit tricyclique dont la structure a été déterminée par DRX. Il nous reste à optimiser cette réaction, à l'appliquer aux différents fluopens préparés au cours de cette thèse et de comprendre le mécanisme de cette nouvelle réaction cascade.

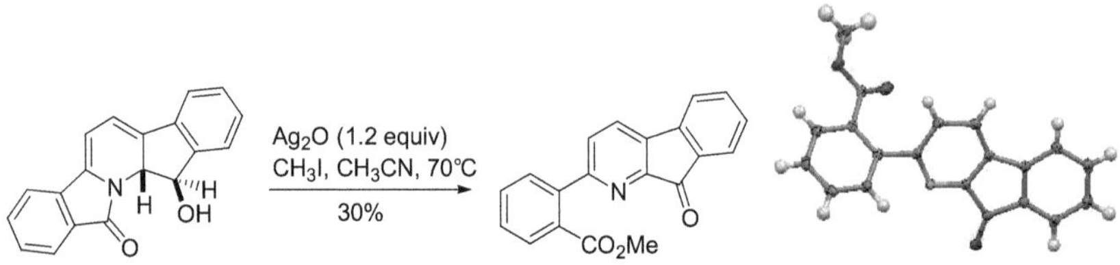

Partie expérimentale

Table of Contents

1. General Information
2. Synthesis of 5-bromo-2-chloro-4,6-dimethylpyridine **70**
3. Synthesis of 2-amino-5,6-bromopyridine **99**
4. Synthesis of 2,3-dibromo-6-chloropyridine **100**
5. Synthesis of 4-(dimethyl)amino-2-formylbenzeneboronic acid **156**
6. General procedure for the preparation of 5-bromo-2-chloro-4-arylpyridines
7. General procedure for the preparation of 3-bromo-6-chloro-2-arylpyridines
8. Synthesis of 3-bromo-2-(phenyloxymethyl)-6-chloropyridine **145**
9. Typical procedure for the formation of substituted pyridinylbenzaldehydes (pathway A).
10. Typical procedure for the formation of substituted pyridinylbenzaldehydes (pathway B).
11. General procedure **A** for the preparation of symmetrical fluopens
12. General procedure **B** for the preparation of symmetrical fluopens
13. Typical procedure for the "one-pot" synthesis of fluopens **209** and **214** from **196**
14. General procedure **C** for the preparation of unsymmetrical fluopens
15. Synthesis of [2-(6-chloro-pyridin-3-yl)-benzylidene]-(4-methoxy-phenyl)-amine **234**
16. Preparation of fluopen **235**
17. Synthesis of 6-(4-phenol)fluopen **146**

1- General Information.

Melting points were measured on a Totoli apparatus. Proton and carbon NMR spectra were recorded on Bruker AMX-400, AC-200 or AC-250 Fourier transform spectrometers using an internal deuterium lock. Chemical shifts are quoted in parts per million (ppm) down field of tetramethylsilane. Coupling constants J are quoted in Hz. Mass spectra with electronic impact (MS-EI) were recorded from a Shimadzu QP 2010 apparatus. High resolution mass spectra were recorded from a Brucker micrOTOF$_Q$. THF was distilled from sodium/benzophenone and stored on sodium wire before use. Toluene and methanol were used as received. All reagents were used as received. TLC was performed on silica gel plates and visualized with a UV lamp (254 nm). Chromatography was performed on silica gel (70-230 mesh).

2- Synthesis of 5-bromo-2-chloro-4,6-dimethylpyridine 70.

To a solution of 2-amino-5-bromo-4,6-dimethylpyridine[69] (0.7 g, 3.46 mmol) in conc. HCl (5.5 mL) at -5°C was added a solution of NaNO$_2$ (0.62 g, 9 mmol) in H$_2$O (5.5 mL) and the mixture was stirred for 10 min. CuCl (0.43 g, 4.3 mmol) was then added slowly by portions of 50 mg. After 5 min, the cooling bath was removed and the mixture was stirred at room temperature for 4h. NaOH 2M was added until pH7 and the product was extracted with ether (3 X 30 mL). The organic phase was washed with brine (50 mL) and dried over MgSO$_4$ and concentrated. The crude was purified by chromatography on silica gel to give the product.

Eluent: cyclohexane/ethyl acetate 95/5

Aspect and quantity: White solid (383 mg)

Yield: 50 %

Melting point (°C): 49

General formula and molecular weight: C$_7$H$_7$BrClN (M = 221 g.mol^{-1}).

¹H NMR (CDCl₃, 250 MHz): δ = 7.05 (s, 1H, Py), 2.65 (s, 3H, 6-CH₃), 2.39 ppm (s, 3H, 4-CH₃)

¹³C NMR (CDCl₃, 50 MHz): δ = 150.4, 141.4, 134.2, 123.4, 122.7, 25.4, 23.2 ppm

MS (70 eV): *m/z* (%) 221 (100) [MH⁺], 183 (15), 140 (15), 104 (60), 77 (45), 51 (25)

HRMS *m/z* : calcd for C₇H₇BrClN: 220.9501, found: 221.9524 ([MH]⁺).

Synthesis of 2-amino-5,6-bromopyridine 99

To a solution of 6-amino-2-bromopyridine (3.46 g, 20 mmol) in DMF (100 mL) was added NBS (3.56 g, 20 mmol) at r. t. The solution was stirred at r. t for 6 h. The progress of the reaction was monitored by TLC. After disappearance of starting material, the mixture was poured into 200 mL of cold water. The product precipitated immediately. After filtration, pure product was obtained.

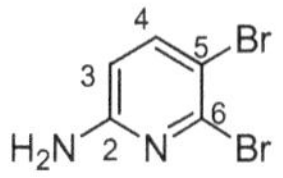

Aspect and quantity: White powder (4.0 g)

Yield: 80 %

Melting point (°C): 150

General formula and molecular weight: C₅H₄Br₂N₂ (M = 250 g.mol⁻¹).

¹H NMR (CDCl₃, 200 MHz): δ = 4.65 (s, 2H, NH₂), 6.37 (d, *J* = 8.5 Hz, 2H, H₃), 7.56 ppm (d, *J* = 8.5 Hz, 1H, H₄)

¹³C NMR (CDCl₃, 50 MHz): δ = 156.7, 142.6, 140.9, 109.5, 108.6 ppm

HRMS *m/z* : calcd for C₅H₄Br₂N₂ : 249.8730 found: 250.8810. ([M+H]⁺).

3- Synthesis of 2,3-dibromo-6-chloropyridine 100

To a solution of 2-amino-5,6-bromopyridine (750 mg, 3 mmol) in conc. HCl (at 37%, 2.5mL/mmol) at -20°C was added NaNO$_2$ (414 mg, 6 mmol) slowly by small portions and the mixture was stirred at room temperature for 4h. NaOH 10M was added until pH11 and the product was extracted with ethyl acetate (3 x 50 mL). The organic phase was washed with brine (50 mL) and dried over MgSO$_4$ and concentrated. The crude was purified by chromatography on silica gel to give the product.

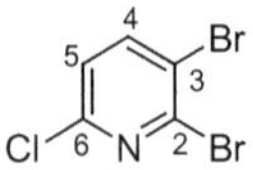

Eluent: cyclohexane/ethyl acetate 4/1

Aspect and quantity: White powder (565 mg)

Yield: 70 %

Melting point (°C): 68

General formula and molecular weight: C$_5$H$_2$Br$_2$ClN (M = 269 g.mol^{-1}).

^{1}H NMR (CDCl$_3$, 200 MHz) : δ = 7.82 (d, J = 8.0 Hz, 1H, H$_4$), 7.18 ppm (d, J = 8.0 Hz, 1H, H$_5$)

^{13}C NMR (CDCl$_3$, 50 MHz) : δ = 148.8, 143.5, 142.4, 124.3, 122.4 ppm

MS (70 eV): *m/z* (%):

HRMS *m/z* : calcd for C$_5$H$_2$Br$_2$ClN : 268.8225 found: 269.8305. ([M+H]$^+$).

4- **Synthesis of 4-(dimethyl)amino-2-formylbenzeneboronic acid 171**

To a solution of 2-bromo-5-dimethylaminobenzaldehyde (1g, 4.39 mmol) in toluene (40 mL) were added ethylene glycol (8 mL) and *p*-toluenesulfonic acid (83 mg, 0.44 mmol). The reactor was equipped with a Dean-Stark apparatus and the mixture was heated at 130°C for 15h. After cooling to room temperature, solid Na_2CO_3 (100 mg) was added and the mixture was washed with water and separated, dried over $MgSO_4$ and concentrated. Filtration on a pad of silica gel (hexanes/EtOAc 1/1) afforded the desired acetal (1g, 85%).

^{1}**H NMR** ($CDCl_3$, 200 MHz): δ = 7.34 (d, *J* = 8.8 Hz, 1H, H_a), 6.95 (d, *J* = 2.8 Hz, 1H, H_c), 6.58 (dd, *J* = 2.8, 8.8 Hz, 1H, H_b), 6.03 (s, 1H, OCH), 4.12 (m, 2H, OCH_2), 2.94 ppm (s, 6H, CH_3).

To a *n*-BuLi solution (2.5 in hexanes, 1.65 mL, 4.1 mmol) in Et_2O (10 mL) at -65°C was slowly added a solution of the previously prepared acetal (1 g, 3.73 mmol) in THF (5 mL) then the mixture was stirred for 15 min at -78°C. B(O*i*-Pr)$_3$ (4.1 mmol, 1 mL) was then slowly added and stirring was continued for 30 min at -78°C before raising to room temperature. HCl 2M (10 mL) was added and the mixture was refluxed for 1h. After being cooled to room temperature the mixture was made basic by adding NaOH 2M (15 mL) and extracted with Et_2O. The aqueous phase was then treated with HCl 2M until pH7. The precipitated yellow solid was filtered, washed with water and Et_2O and dried in vacuo (500 mg, 71%).

^{1}**H NMR** (CD_3COCD_3, 200 MHz): δ = 9.30 (s, 1H, CHO), 7.14 (d, *J* = 8.4 Hz, 1H, H_a), 6.99 (s, 2H, $B(OH)_2$), 6.54 (s, 1H, H_c), 6.14 (d, *J* = 8.4 Hz, 1H, H_b), 2.22 ppm (s, 6H, CH_3).

^{13}**C NMR** (CD_3COCD_3, 50 MHz): δ = 183.2, 140.5, 128.3, 120.4, 117.7, 114.7, 108.3, 41.0 ppm.

5- General procedure for the preparation of 5-bromo-2-chloro-4-arylpyridine

5-bromo-2-chloro-4-iodopyridine (333 mg, 1.05 mmol), Pd(dppf)Cl$_2$.CH$_2$Cl$_2$ (32 mg, 0.04 mmol) and the corresponding boronic acid (1 mmol) were added to a 50-mL Schlenk flask equipped with a stir bar in air. The flask was evacuated and refilled with argon five times. Dioxane (1.5 mL), and K$_2$CO$_3$ (276 mg, 2 mmol) in water (0.5 mL) were added by syringe. The stirred mixture was heated to reflux (preheated oil bath at 100 °C) and refluxed for 3-4 h until the reaction was finished (TLC), before it was allowed to cool to rt. After cooling to room temperature, the mixture was filtered through a pad of silica gel (washing with EtOAc), the filtrate concentrated under reduced pressure, and the aqueous residue extracted three times with EtOAc. The combined extracts were dried over anhydrous MgSO$_4$, filtered, and concentrated. The residue was then purified by column chromatography on silica gel (hexanes/EtOAc) to give compound as a wite solid

Synthesis of 5-bromo-2-chloro-4-phenylpyridine 114

The product was prepared according to the general procedure for the preparation of 5-bromo-2-chloro-4-arylpyridine with Pd(dppf)Cl$_2$.

5-bromo-2-chloro-4-iodopyridine 113: 333 mg, 1.05 mmol

4-formylphenylboronic acid: 122 mg, 1 mmol

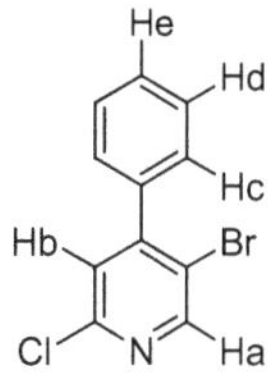

Eluent: cyclohexane/ethyl acetate 98/2

Aspect and quantity: White powder (230 mg)

Yield: 86 %

Melting point (°C): 68

General formula and molecular weight: C$_{11}$H$_7$BrClN (M = 269 g.mol^{-1}).

^{1}H NMR (CDCl$_3$, 250 MHz): δ = 8.59 (s, 1H, H$_a$), 7.50 – 7.40 (m, 5H, H$_{c,d,e}$), 7.32 ppm (s, 1H, H$_b$)

^{13}C NMR (CDCl$_3$, 50 MHz): δ = 151.9, 150.4, 137.1, 129.3, 128.7, 128.5, 125.9, 119.4 ppm

MS (70 eV): *m/z* (%): 269 (100) [M$^+$], 153 (58), 126 (40), 63 (20), 50 (12)

HRMS *m/z*: calcd for C$_{11}$H$_7$BrClN: 268.9501, found: 269.9521 ([MH]$^+$).

Synthesis of 4-(5-bromo-2-chloropyridin-4-yl)benzaldehyde 117

The product was prepared according to the general procedure for the preparation of 5-bromo-2-chloro-4-arylpyridine with Pd(dppf)Cl$_2$.

5-bromo-2-chloro-4-iodopyridine 113: 1.66 g, 5.25 mmol

4-formylphenylboronic acid: 744 mg, 5 mmol

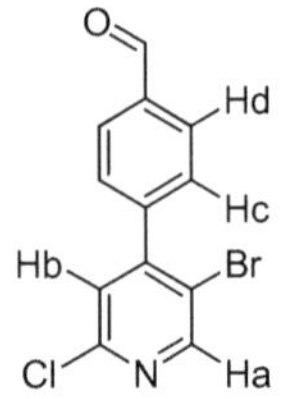

Eluent: cyclohexane/ethyl acetate 9/1

Aspect and quantity: White powder (1.05 g)

Yield: 71 %

Melting point (°C): 127

General formula and molecular weight: C$_{12}$H$_7$BrClNO (M = 296 g.mol^{-1}).

^{1}H NMR (CDCl$_3$, 200 MHz) : δ = 10.07 (s, 1H, CHO), 8.58 (s, 1H, H$_a$), 7.96 (d, J = 8.0 Hz, 1H, H$_d$), 7.57 (d, J = 8.0 Hz, 1H, H$_c$), 7.29 ppm (s, 1H, H$_b$).

^{13}C NMR (CDCl$_3$, 50 MHz) : δ = 191.4, 152.1, 151.1, 150.6, 142.6, 136.5, 129.7, 129.5, 125.6, 118.9 ppm

HRMS *m/z* : calcd for C$_{12}$H$_7$BrClNO : 294.9386 found: 295.9466. ([M+H]$^+$).

Synthesis of 5-bromo-2-chloro-4-(4-(methylthio)phenyl)pyridine 118

The product was prepared according to the general procedure for the preparation of 5-bromo-2-chloro-4-arylpyridine with Pd(dppf)Cl$_2$.

5-bromo-2-chloro-4-iodopyridine 113: 333 mg, 1.05 mmol

4-(methylthio)phenylboronic acid: 168 mg, 1 mmol

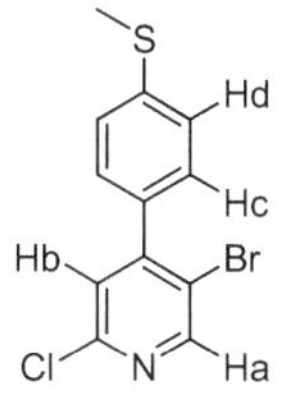

Eluent: cyclohexane/ethyl acetate 9/1

Aspect and quantity: White powder (251 mg)

Yield: 80 %

Melting point (°C): 108

General formula and molecular weight: C$_{12}$H$_9$BrClN$_2$ (M = 314 g.mol^{-1}).

^{1}H NMR (CDCl$_3$, 200 MHz): δ = 8.56 (s, 1H, H$_a$), 7.34 (s, 4H, H$_{c,d}$), 7.29 (s, 1H, H$_b$), 2.53 ppm (s, 3H, OCH$_3$)

^{13}C NMR (CDCl$_3$, 50 MHz): δ = 152.0, 151.8, 150.4, 140.8, 133.2, 129.0, 125.7, 125.6, 119.2, 15.2 ppm

HRMS *m/z*: calcd for C$_{12}$H$_9$BrClN$_2$: 312.9306 found: 313.9386. ([M+H]$^+$).

Synthesis of 4-(5-bromo-2-chloropyridin-4-yl)-N,N-dimethylbenzenamine 119

The product was prepared according to the general procedure for the preparation of 5-bromo-2-chloro-4-arylpyridine with Pd(dppf)Cl$_2$.

5-bromo-2-chloro-4-iodopyridine 113: 333 mg, 1.05 mmol

4-(dimethylamino)phenylboronic acid: 165 mg, 1 mmol

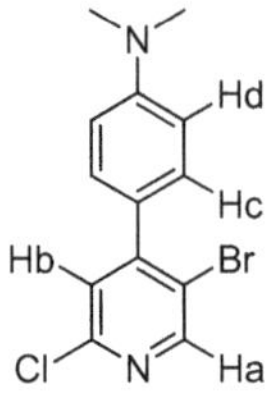

Eluent: cyclohexane/ethyl acetate 9/1

Aspect and quantity: White powder (205 mg)

Yield: 66 %

Melting point (°C): 106

General formula and molecular weight: C$_{13}$H$_{12}$BrClN$_2$ (M = 311 g.mol^{-1}).

^{1}H NMR (CDCl$_3$, 200 MHz): δ = 8.52 (s, 1H, H$_a$), 7.38 (d, J = 9.0 Hz, 1H, H$_c$), 7.29 (s, 1H, H$_b$), 6.76 (d, J = 9.0 Hz, 1H, H$_d$), 3.03 ppm (s, 6H, NMe$_2$)

^{13}C NMR (CDCl$_3$, 50 MHz): δ = 152.2, 151.8, 150.7, 150.1, 129.8, 125.3, 123.9, 119.1, 111.3, 40.1 ppm

HRMS *m/z*: calcd for C$_{13}$H$_{12}$BrClN$_2$: 309.9864 found: 310.9944. ([M+H]$^+$).

Synthesis of 4-(5-bromo-2-chloropyridin-4-yl)-N,N-dimethylbenzenamine 120

The product was prepared according to the general procedure for the preparation of 5-bromo-2-chloro-4-arylpyridine with Pd(dppf)Cl$_2$.

5-bromo-2-chloro-4-iodopyridine 113: 333 g, 1.05 mmol

4-methoxyphenylboronic acid: 152 mg, 1 mmol

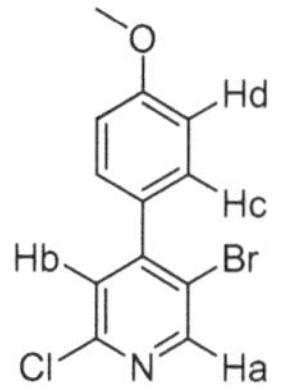

Eluent: cyclohexane/ethyl acetate 9/1

Aspect and quantity: White powder (242 mg)

Yield: 81 %

Melting point (°C): 89

General formula and molecular weight: C$_{12}$H$_9$BrClNO (M = 298 g.mol^{-1}).

^{1}**H NMR** (CDCl$_3$, 200 MHz): δ = 8.55 (s, 1H, H$_a$), 7.39 (d, J = 9.0 Hz, 1H, H$_c$), 7.30 (s, 1H, H$_b$), 7.02 (d, J = 9.0 Hz, 1H, H$_d$), 3.87 ppm (s, 3H, OCH$_3$)

^{13}**C NMR** (CDCl$_3$, 50 MHz): δ = 160.4, 152.0, 151.9, 150.4, 130.2, 129.2, 125.8, 119.4, 113.9, 55.4 ppm

HRMS *m/z* : calcd for C$_{12}$H$_9$BrClNO : 296.9525 found: 297.9605. ([M+H]$^+$).

General procedure for the preparation of 3-bromo-6-chloro-2-arylpyridine

To a degassed toluene solution (8 mL) containing Pd(PPh$_3$)$_4$ (173 mg, 0.15 mmol) and **2,3-dibromo-6-chloropyridine** (540 mg, 2 mmol) were successively added degassed solutions of the corresponding **boronic acid** (2 mmol) in methanol (4 mL) and Na$_2$CO$_3$ (424 mg, 4 mmol) in water (4 mL). After heating for 6 h at 100°C, the reaction mixture was cooled to room temperature, extracted with ethyl acetate and dried over MgSO$_4$. After concentration, the residue was purified by chromatography on silica gel (hexanes / ethyl acetate) to give compound.

Synthesis of 3-bromo-6-chloro-2-phenylpyridine 102

The product was prepared according to the general procedure for the preparation of 3-bromo-6-chloro-2-arylpyridine.

2,3-dibromo-6-chloropyridine 100: 540 mg, 2 mmol

4-formylbenzeneboronic acid: 224 mg, 2 mmol

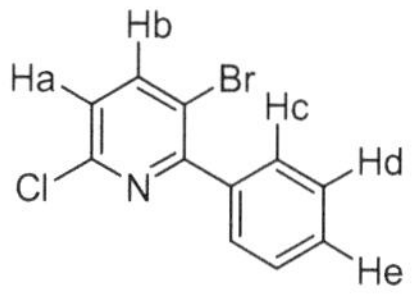

Eluent: cyclohexane/ethyl acetate 98/2

Aspect and quantity : White powder (493 mg)

Yield: 92 %

Melting point (°C): 105

General formula and molecular weight: $C_{11}H_7BrClN$ (M = 267 g.mol^{-1}).

^{1}H NMR (CDCl$_3$, 250 MHz) : δ = 7.90 (d, J = 8.0 Hz, 1H, H$_b$), 7.67 – 7.44 (m, 5H, H$_{c,d,e}$), 7.16 ppm (d, J = 8.0 Hz, 1H, H$_a$).

^{13}C NMR (CDCl$_3$, 62.5 MHz) : δ = 158.4, 149.7, 143.7, 138.2, 129.3, 129.2, 128.0, 123.8, 117.8 ppm

MS (70 eV): *m/z* (%):

HRMS *m/z* : calcd for $C_{11}H_7BrClN$: 266.9428, found: 267.9508. ([M+H]$^+$).

Synthesis of 3-bromo-6-chloro-2-(4-methoxyphenyl)pyridine 132

The product was prepared according to the general procedure for the preparation of 3-bromo-6-chloro-2-arylpyridine.

2,3-dibromo-6-chloropyridine 100: 269 mg, 1 mmol

4-methoxyphenylboronic acid: 152 mg, 1 mmol

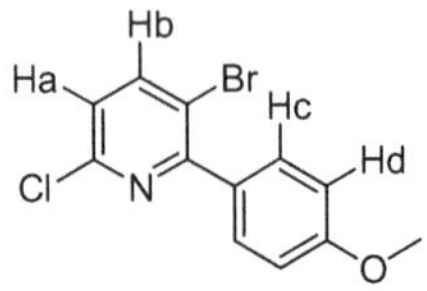

Eluent: cyclohexane/ethyl acetate 9/1

Aspect and quantity: White powder (290 mg)

Yield: 97 %

Melting point (°C): 94

General formula and molecular weight: $C_{12}H_9BrClNO$ (M = 298 g.mol^{-1}).

^{1}H NMR (CDCl$_3$, 200 MHz): δ = 7.90 (d, J = 8.0 Hz, 1H, H$_b$), 7.70 (d, J = 9.0 Hz, 2H, H$_c$), 7.13 (d, J = 8.0 Hz, 1H, H$_a$), 6.99 (d, J = 8.0 Hz, 1H, H$_d$), 3.87 ppm (s, 3H, OCH$_3$).

^{13}C NMR (CDCl$_3$, 50 MHz): δ = 160.3, 157.7, 149.5, 143.7, 130.9, 130.5, 123.2, 117.5, 113.3, 55.2 ppm

HRMS *m/z*: calcd for $C_{12}H_9BrClNO$: 296.9560, found: 297.9640. ([M+H]$^+$).

Synthesis of 3-bromo-6-chloro-2-(4-(methylthio)phenyl)pyridine 133

The product was prepared according to the general procedure for the preparation of 3-bromo-6-chloro-2-arylpyridine.

2,3-dibromo-6-chloropyridine 100: 269 mg, 1 mmol

4-(methylthio)phenylboronic acid: 168 mg, 1 mmol

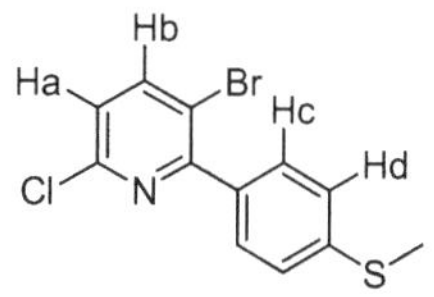

Eluent: cyclohexane/ethyl acetate 97/3

Aspect and quantity: White powder (226 mg)

Yield: 72 %

Melting point (°C): 117

General formula and molecular weight: $C_{12}H_9BrClNS$ (M = 314 g.mol^{-1}).

^{1}H NMR (CDCl$_3$, 200 MHz): δ = 7.89 (d, *J* = 8.0 Hz, 1H, H$_b$), 7.66 (d, *J* = 8.5 Hz, 2H, H$_c$), 7.31 (d, *J* = 8.5 Hz, 1H, H$_d$), 7.13 (d, *J* = 8.0 Hz, 1H, H$_a$), 2.52 ppm (s, 3H, SCH$_3$)

^{13}C NMR (CDCl$_3$, 50 MHz): δ = 157.5, 149.6, 143.7, 140.4, 134.4, 129.7, 125.3, 123.6, 117.6, 15.2 ppm

HRMS *m/z*: calcd for $C_{12}H_9BrClNS$: 312.9306, found: 313.9386. ([M+H]$^+$).

Synthesis of 4-(3-bromo-6-chloropyridin-2-yl)benzaldehyde 134

The product was prepared according to the general procedure for the preparation of 3-bromo-6-chloro-2-arylpyridine.

2,3-dibromo-6-chloropyridine 100: 269 mg, 1 mmol

4-formylphenylboronic acid: 149 mg, 1 mmol

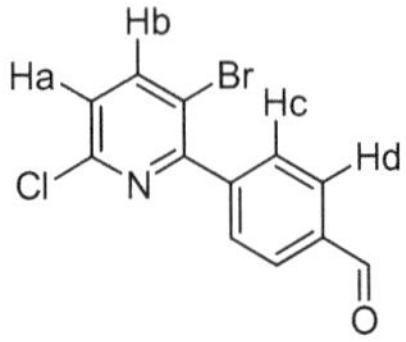

Eluent: cyclohexane/ethyl acetate 9/1

Aspect and quantity: White powder (287 mg)

Yield: 97 %

Melting point (°C): 144

General formula and molecular weight: $C_{12}H_7BrClNO$ (M = 296 g.mol^{-1}).

^{1}H NMR (CDCl$_3$, 200 MHz): δ = 10.10 (s, 1H, CHO), 8.01 – 7.96 (m, 3H, H$_{b,c}$), 7.86 (d, J = 8.0 Hz, 2H, H$_d$), 7.24 ppm (d, J = 8.5 Hz, 1H, H$_a$).

^{13}C NMR (CDCl$_3$, 50 MHz) : δ = 191.8, 157.0, 150.0, 143.9, 143.7, 136.5, 130.2, 129.4, 124.7, 117.9 ppm

HRMS *m/z*: calcd for $C_{12}H_7BrClNO$: 294.9396, found: 295.9476. ([M+H]$^+$).

Synthesis of 4-(3-bromo-6-chloropyridin-2-yl)pyridine 136

The product was prepared according to the general procedure for the preparation of 3-bromo-6-chloro-2-arylpyridine.

2,3-dibromo-6-chloropyridine 100: 269 mg, 1 mmol

pyridin-4-yl-4-boronic acid: 123 mg, 1 mmol

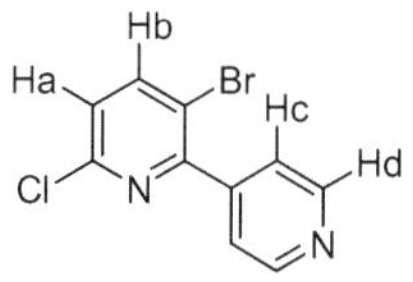

Eluent: cyclohexane/ethyl acetate 2/1

Aspect and quantity: White powder (59 mg)

Yield: 22 %

Melting point (°C): 116

General formula and molecular weight: $C_{10}H_6BrClN_2$ (M = 268 g.mol^{-1}).

^{1}H NMR (CDCl$_3$, 200 MHz): δ = 8.75 (s, 2H, H$_c$), 7.95 (d, J = 8.5 Hz, 1H, H$_b$), 7.61 (d, J = 4.0 Hz, 2H, H$_d$), 7.25 ppm (d, J = 8.5 Hz, 1H, H$_a$)

^{13}C NMR (CDCl$_3$, 50 MHz): δ = 155.5, 150.1, 149.7, 145.4, 144.0, 125.1, 123.7, 117.7 ppm

HRMS *m/z*: calcd for $C_{10}H_6BrClN_2$: 267.9415, found: 268.9495. ([M+H]$^+$).

6- Synthesis of 3-bromo-2-(phenyloxymethyl)-6-chloropyridine 145

To a solution of 3-bromo-2-(bromomethyl)-6-chloropyridine (285 mg, 1 mmol, 1 eq.) in 6 mL of MeCN, were added 188 mg of phenol (2 mmol, 2 eq.) and 276 mg of K_2CO_3 (2 mmol, 2 eq.). The reaction mixture is refluxed for 16 h. The reaction was hydrolyzed with 10 mL of water. The organic layer was washed with a saturated solution of $NaHCO_3$, then extracted 3 times with 15 mL of CH_2Cl_2. The combined extracts were dried over anhydrous $MgSO_4$, filtered, and concentrated. The residue was then purified by column chromatography on silica gel (hexanes/EtOAc) to give the compound as oil.

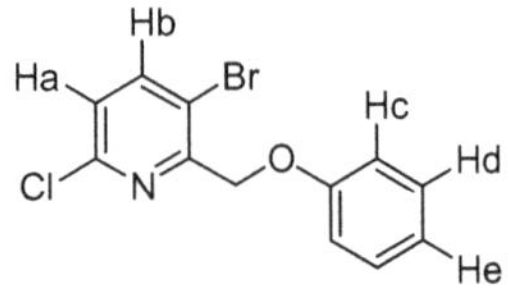

Eluent: cyclohexane/ethyl acetate 98/2

Aspect and quantity: oil (255 mg)

Yield: 86 %

Melting point (°C): 116

General formula and molecular weight: $C_{12}H_9BrClNO$ (M = 297 g.mol^{-1}).

^{1}H NMR (CDCl$_3$, 200 MHz): δ = 7.84 (d, J = 8.5 Hz, 1H, H$_b$), 7.38 – 7.24 (m, 2H, H$_d$), 7.20 (d, J = 8.5 Hz, 2H, H$_a$), 710 – 6.89 (d, 3H, H$_{d,e}$), 5.22 ppm (s, 2H, CH$_2$).

^{13}C NMR (CDCl$_3$, 50 MHz): δ = 154.9, 149.7, 143.2, 129.4, 125.3, 121.4, 117.2, 115.0, 70.2, 58.4 ppm

HRMS m/z: calcd for $C_{12}H_9BrClNO$: 296.9520, found: 297.9596. ([M+H]$^+$).

7- Typical procedure for the formation of substituted pyridinylbenzaldehydes (pathway A).

To a degassed toluene solution (24 mL) containing Pd(PPh$_3$)$_4$ (173 mg, 0.15 mmol) and **2,5-dihalogenopyridine** (3 or 6 mmol) were successively added degassed solutions of **boronic acid** (3 mmol) in methanol (12 mL) and Na$_2$CO$_3$ (636 mg, 6 mmol) in water (12 mL). After heating for 12h at 100°C, the reaction mixture was cooled to room temperature, extracted with ethyl acetate and dried over MgSO$_4$. After concentration, the residue was purified by chromatography on silica gel (hexanes/ethyl acetate) to give compound a pale yellow powder.

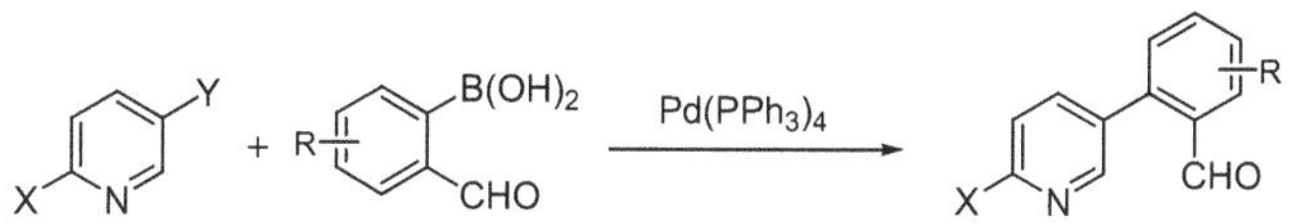

Synthesis of 2-(6-chloropyridin-3-yl)benzaldehyde 80

The product was prepared according to the typical procedure for the formation of substituted pyridinylbenzaldehydes (pathway A).

5-bromo-2-chloropyridine 61: 600 mg, 3 mmol

2-formylbenzeneboronic acid 52: 450 mg, 3 mmol

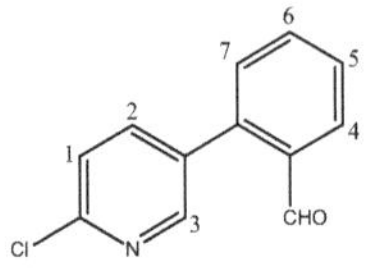

Eluent: cyclohexane/ethyl acetate 3/1

Aspect and quantity: Pale yellow powder (490 mg)

Yield: 75 %

Melting point (°C): 85

General formula and molecular weight: $C_{12}H_8ClNO$ (M = 217 g.mol^{-1}).

^{1}H NMR (CDCl$_3$, 250 MHz): δ = 9.98 (s, 1H, CHO), 8.42 (d, J = 1.5 Hz, 1H, H$_3$), 8.05 (dd, J = 7.6, 1.5 Hz, 1H, H$_2$), 7.80 – 7.65 (m, 2H, H$_{1,4}$), 7.60 (t, J = 8.0 Hz, 1H, H$_7$), 7.44 ppm (t, J = 8.0 Hz, 2H, H$_{5,6}$)

^{13}C NMR (CDCl$_3$, 75 MHz): δ = 190.7, 151.1, 149.5, 139.9, 133.8, 133.5, 132.6, 130.8, 129.0, 128.8, 123.7, 112.7 ppm

MS (70 eV): *m/z* (%): 216 (100, [M-H]$^+$), 182 (65), 154 (42), 127 (40)

HRMS *m/z*: calcd for $C_{12}H_8ClNO$: 217.0288, found: 218.0366 (MH$^+$).

Synthesis of 2-(6-bromopyridin-3-yl)benzaldehyde 81

The product was prepared according to the typical procedure for the formation of substituted pyridinylbenzaldehydes (pathway A).

2-bromo-5-iodopyridine 67: 2.83 g, 10 mmol

2-formylbenzeneboronic acid 52: 1.48 g, 10 mmol

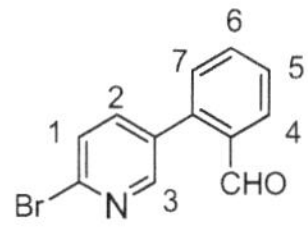

Eluent: cyclohexane/ethyl acetate 9/1

Aspect and quantit: Pale yellow powder (2.25 g)

Yiel: 86 %

Melting point (°C): 86

General formula and molecular weight: $C_{12}H_8BrNO$ (M = 262 g.mol^{-1}).

^{1}H NMR (CDCl$_3$, 200 MHz): δ = 9.98 (s, 1H, CHO), 8.39 (s, 1H, H$_3$), 8.04 (d, J = 7.4 Hz, 1H, H$_2$), 7.80 – 7.55 (m, 4H, H$_{1,4,5,6}$), 7.41 ppm (d, J = 7.4 Hz, 1H, H$_7$)

^{13}C NMR (CDCl$_3$, 50 MHz): δ = 190.7, 150.0, 141.8, 139.9, 139.4, 133.9, 133.6, 133.0, 130.8, 129.2, 128.9, 127.5 ppm

MS (70 eV): *m/z* (%): 261 (45), 182 (100), 153 (35), 127 (46)

HRMS *m/z*: calcd for $C_{12}H_8BrNO$: 260.9783, found: 261.9861 (MH$^+$).

Synthesis of 2-(6-bromopyridin-3-yl)-5-(dimethylamino)benzaldehyde 195

The product was prepared according to the typical procedure for the formation of substituted pyridinylbenzaldehydes (pathway A).

2-bromo-5-iodopyridine 67: 155 mg, 0.5 mmol

4-(dimethylamino)-2-formylphenylboronic acid 171: 188 mg, 2.5 mmol

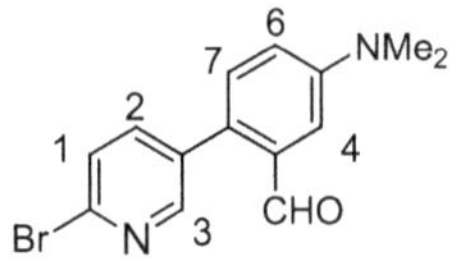

Eluent: cyclohexane/ethyl acetate 6/1

Aspect and quantity: Yellow-green powder (68 mg)

Yield: 45 %

Melting point (°C): 114

General formula and molecular weight: $C_{14}H_{13}BrN_2O$ (M = 304 g.mol^{-1}).

^{1}H NMR (CDCl$_3$, 200 MHz): δ = 9.94 (s, 1H, CHO), 8.35 (s, 1H, H$_3$), 7.54 (s, 2H, H$_{2,4}$), 7.28 (s, 1H, H$_1$), 7.26 (d, J = 8.0 Hz, 1H, H$_7$), 7.00 (d, J = 8.0 Hz, $1H$, H$_6$), 3.07 ppm (s, 6H, NMe$_2$).

^{13}C NMR (CDCl$_3$, 50 MHz): δ = 191.6, 150.2, 140.6, 139.5, 133.8, 133.3, 131.6, 127.4, 127.3, 117.3, 110.7, 40.1 ppm

HRMS m/z: calcd for $C_{14}H_{13}BrN_2O$: 304.0211, found: 327.0103 ([M+Na]$^+$)

Synthesis of 2-(6-chloropyridin-3-yl)-5-methoxybenzaldehyde 200

The product was prepared according to the typical procedure for the formation of substituted pyridinylbenzaldehydes (pathway A).

5-bromo-2-chloropyridine 61: 962 mg, 5 mmol

2-formyl-4-methoxyphenylboronic acid 172: 900 mg, 5 mmol

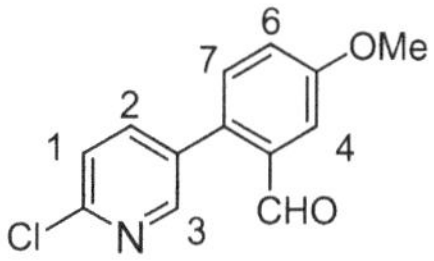

Eluent: cyclohexane/ethyl acetate 7/1

Aspect and quantity: Pale yellow powder (802 mg)

Yield: 65 %

Melting point (°C): 109

General formula and molecular weight: $C_{13}H_{10}ClNO_2$ (M = 247 g.mol^{-1}).

^{1}**H NMR** (CDCl$_3$, 250 MHz): δ = 9.93 (s, 1H, CHO), 8.39 (d, J = 2.0 Hz, 1H, H$_3$), 8.03 (dd, J = 6.5, 2.0 Hz, 1H, H$_2$), 7.54 (d, J = 2.0 Hz, 1H, H$_1$), 7.43 (d, J = 7.0 Hz, 1H, H$_7$), 7.33 (d, J = 6.0 Hz, 1H, H$_6$), 7.25 (s,1H, H$_4$), 3.92 ppm (s, 3H, OMe)

^{13}**C NMR** (CDCl$_3$, 62.5 MHz): δ = 190.4, 159.8, 150.8, 149.7, 139.6, 134.5, 132.8, 132.2, 132.0, 123.6, 121.2, 111.4, 55.4 ppm

HRMS *m/z*: calcd for $C_{13}H_{10}ClNO_2$: 247.0355, found: 248.0435 (MH$^+$).

Synthesis of 2-(6-bromopyridin-3-yl)-4-methoxybenzaldehyde 203

The product was prepared according to the typical procedure for the formation of substituted pyridinylbenzaldehydes (pathway A).

2-bromo-5-iodopyridine 67: 426 mg, 1.5 mmol

2-formyl-5-methoxyphenylboronic acid 186: 270 mg, 1.5 mmol

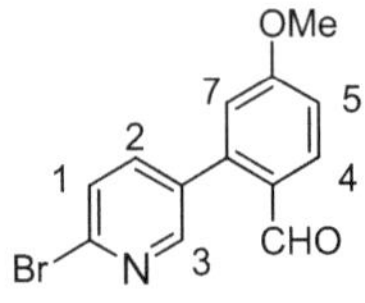

Eluent: cyclohexane/ethyl acetate 5/1

Aspect and quantity: Pale yellow powder (192 mg)

Yield: 44 %

Melting point (°C): 111

General formula and molecular weight: $C_{13}H_{10}BrNO_2$ (M = 291 g.mol^{-1}).

^{1}H NMR (CDCl$_3$, 200 MHz): δ = 9.82 (s, 1H, CHO), 8.40 (s, 1H, H$_3$), 8.03 (d, J = 9.0 Hz, 1H, H$_2$), 7.58 (t, J = 1.0 Hz, 2H, H$_{1,4}$), 7.07 (d, J = 9.0 Hz, 1H, H$_7$), 6.82 (s, 1H, H$_7$), 3.92 ppm (s, 3H, OMe)

^{13}C NMR (CDCl$_3$, 50 MHz): δ = 189.4, 163.8, 150.0, 142.6, 142.0, 139.4, 133.2, 131.9, 127.6, 127.2, 116.1, 114.5, 55.8 ppm

MS (70 eV): m/z (%): 293 (40, [M-H]$^+$), 262 (100), 180 (60), 153 (55), 126 (32)

HRMS m/z: calcd for $C_{13}H_{10}BrNO_2$: 290.9888, found: 291.9968. (MH$^+$)

Synthesis of 1-(2-(6-bromopyridin-3-yl)phenyl)ethanone 223

The product was prepared according to the typical procedure for the formation of substituted pyridinylbenzaldehydes (pathway A).

2-bromo-5-iodopyridine 67: 600 mg, 2.1 mmol

2-acetylphenylboronic acid: 326 mg, 2 mmol

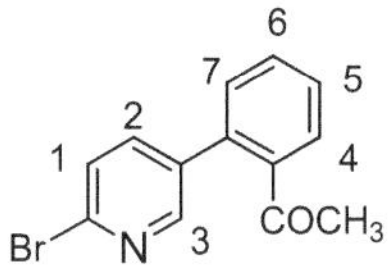

Eluent: cyclohexane/ethyl acetate 6/1

Aspect and quantity: Pale yellow powder (480 mg)

Yield: 87 %

Melting point (°C): 86

General formula and molecular weight: $C_{13}H_{10}BrNO$ (M = 276 g.mol^{-1}).

^{1}H NMR (CDCl$_3$, 200 MHz): δ = 8.15 (s, 1H, H$_3$), 7.58 (d, J = 7.5 Hz, 1H, H$_2$), 7.37 (m, 4H, H$_{1,4,5,6}$), 7.18 (d, J = 7 Hz, 1H, H$_7$), 2.19 ppm (s, 3H, Me).

^{13}C NMR (CDCl$_3$, 50 MHz): δ = 201.5, 149.1, 140.9, 139.1, 138.5, 136.0, 135.7, 131.3, 130.7, 128.6, 128.4, 127.3, 29.8 ppm

MS (70 eV): *m/z* (%): 277 (32, [M+H]$^+$), 260 (100), 196 (85), 181 (72), 153 (70), 126 (40)

HRMS *m/z*: calcd for $C_{13}H_{10}BrNO$: 274.9935, found: 276.0015(MH$^+$).

Typical procedure for the formation of substituted pyridinylbenzaldehydes (pathway B). Boronic acid (2 mmol), [Pd$_2$(dba)$_3$] (44 mg, 0.048 mmol), PCy$_3$ (32 mg, 0.115 mmol) and **aryl halide** (2.4 mmol) were added to a 50-mL Schlenk flask equipped with a stir bar in air. The flask was evacuated and refilled with argon five times. Dioxane (10 mL), and aqueous K$_3$PO$_4$ (1.27 M, 4.1 mL) were added by syringe. The Schlenk flask was heated under argon in an oil bath at 100°C for 18 h with vigorous stirring. After cooling to room temperature, the mixture was filtered through a pad of silica gel (washing with EtOAc), the filtrate concentrated under reduced pressure, and the aqueous residue extracted three times with EtOAc. The combined extracts were dried over anhydrous MgSO$_4$, filtered, and concentrated. The residue was then purified by column chromatography on silica gel (hexanes/EtOAc) to give the compound as a pale yellow solid

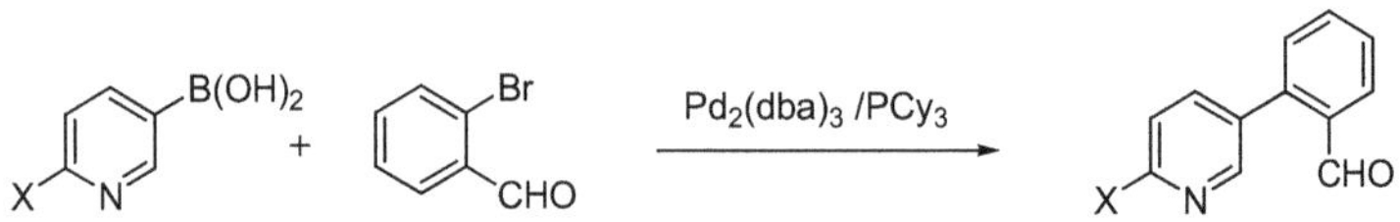

Synthesis of 2-(6-chloropyridin-3-yl)-5-(dimethylamino)benzaldehyde 207

The product was prepared according to the typical procedure for the formation of substituted pyridinylbenzaldehydes (pathway B).

6-chloropyridin-3-yl-3-boronic acid 196: 786 mg, 5 mmol

2-bromo-5-(dimethylamino)benzaldehyde 156: 1.36 g, 6 mmol

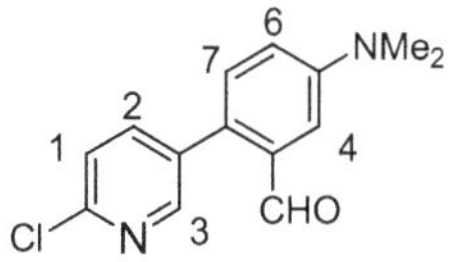

Eluent: cyclohexane/ethyl acetate 9/1

Aspect and quantity: Yellow-green powder (93 mg)

Yield: 96 %

Melting point (°C): 117

General formula and molecular weight: $C_{14}H_{13}ClNO_2$ (M = 260 g.mol^{-1}).

^{1}H NMR (CDCl$_3$, 200 MHz): δ = 9.96 (s, 1H, CHO), 8.39 (d, J = 2.5 Hz, 1H, H$_3$), 7.65 (dd, J = 8.0, 2.5 Hz, 1H, H$_2$), 7.41 (d, J = 8.0 Hz, 1H, H$_1$), 7.33-7.29 (M, 2H, H$_{4,7}$), 7.03 (dd, J = 8.5, 3.0 Hz, 1H, H$_6$), 3.92 ppm (s, 3H, OMe)

^{13}C NMR (CDCl$_3$, 50 MHz): δ = 191.8, 150.3, 150.2, 149.9, 139.9, 134.1, 133.1, 131.8, 127.8, 123.6, 117.4, 110.8, 40.3 ppm

HRMS *m/z*: calcd for $C_{14}H_{13}ClNO_2$: 260.0667, found: 261.0747 (MH$^+$)

8- General procedure A for the preparation of symmetrical fluopens

To a degassed toluene solution (15 mL) containing Pd(PPh$_3$)$_4$ (116 mg, 0.01 mmol) and **2,5-dihalogenopyridine** (1 mmol), degassed solutions of **substituted 2-formylbenzeneboronic acid** (2.5 to 3 mmol) in methanol (2.5 mL) and Na$_2$CO$_3$ (5 to 6 mmol) in water (5 mL) were successively added. After heating for 12h at 100°C, the reaction mixture was cooled to room temperature, extracted with ethyl acetate (3 x 20 mL) and dried over anhydrous magnesium sulfate (MgSO$_4$). After filtration on celite and concentration, the residue was purified by chromatography on silica gel (cyclohexane/ethyl acetate) to give **fluopen** product as a solid.

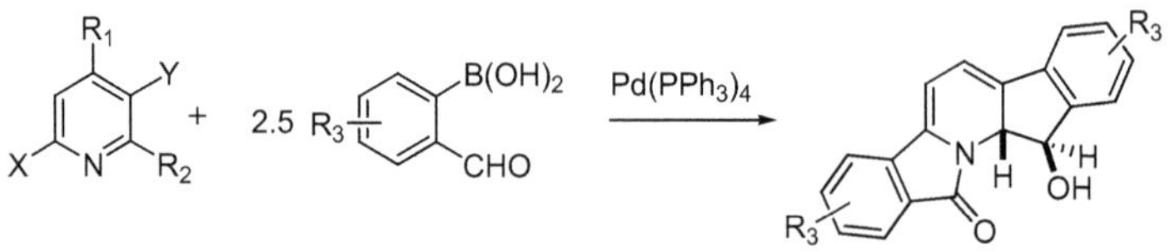

Synthesis of 4-methylfluopen 65

The product was prepared according to the general procedure **A** for the preparation of symmetrical fluopens.

5-bromo-2-chloro-4-methylpyridine 62: 206 mg, 1 mmol

2-formylbenzeneboronic acid 52: 375 mg, 2.5 mmol

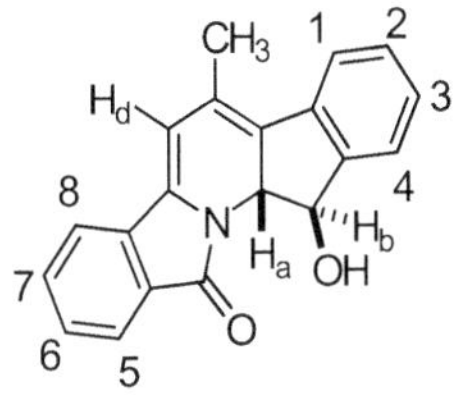

Eluent: cyclohexane/ethyl acetate 9/1

Aspect and quantity: Yellow-green solid (150 mg)

Yield: 50 %

Melting point (°C): 193

General formula and molecular weight: $C_{20}H_{15}NO_2$ (M = 301 g.mol^{-1}).

^{1}HNMR (CDCl$_3$, 400 MHz): δ = 7.82 (d, J = 7.6 Hz, 1H, H$_5$), 7.67 (d, J = 7.6 Hz, 1H, H$_8$), 7.64 – 7.50 (m, 3H, H$_{1,4,7}$), 7.49 (t, J = 7.6 Hz, 1H, H$_6$), 7.36 (m, 2H, H$_{2,3}$), 6.12 (s, 1H, H$_d$), 5.92 (s, 1H, OH), 5.40 (d, J = 6.4 Hz, 1H, H$_b$), 4.63 (m, 1H, H$_a$), 2.24 ppm (d, J = 2.4 Hz, 3H, CH$_3$).

^{13}CNMR (CDCl$_3$, 50 MHz): δ = 169.4, 143.4, 136.4, 134.6, 133.5, 131.9, 130.1, 129.2, 128.8, 128.4, 128.0, 124.9, 123.8, 123.5, 123.3, 120.2, 109.1, 77.9, 66.4, 18.2 ppm

HRMS *m/z*: calcd for $C_{20}H_{15}NO_2$: 301.1098, found: 324.0967 ([M+Na]$^+$).

Synthesis of unsubstituted fluopen 72

The product was prepared according to the general procedure **A** for the preparation of symmetrical fluopens.

5-bromo-2-chloropyridine 61: 192 mg, 1 mmol

2-formylbenzeneboronic acid 52: 375 mg, 2.5 mmol

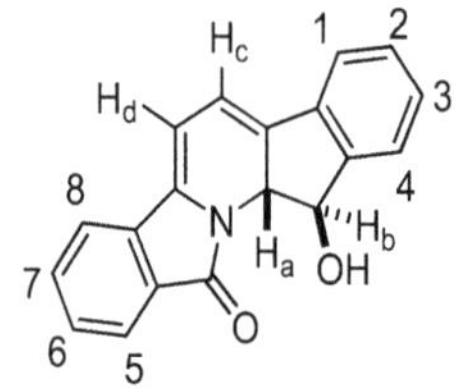

Eluent: cyclohexane/ethyl acetate 9/1

Aspect and quantity: Yellow-green solid (164 mg)

Yield: 57 %

Melting point (°C): 175

General formula and molecular weight: $C_{19}H_{13}NO_2$ (M = 287 g.mol^{-1}).

^{1}HNMR (CDCl$_3$, 400 MHz): δ = 7.87 (d, J = 7.5 Hz, 1H, H$_5$), 7.69 (d, J = 7.5 Hz, 1H, H$_8$), 7.61 (d, J = 7.5 Hz, 1H, H$_1$), 7.59 (t, J = 7.5 Hz, 1H, H$_7$), 7.51 (d, J = 7.5 Hz, 1H, H$_4$), 7.50 (t, J = 7.5 Hz, 1H, H$_6$), 7.39 (t, J = 7.5 Hz, 1H, H$_2$), 7.35 (t, J = 7.5 Hz, 1H, H$_3$), 6.52 (dd, J = 2.8, 6.0 Hz, 1H, H$_c$), 6.29 (d, J = 6.0 Hz, 1H, H$_d$), 5.72 (s, 1H, OH), 5.45 (d, J = 5.6 Hz, 1H, H$_b$), 4.68 ppm (dd, J = 2.8, 5.6 Hz, 1H, H$_a$).

^{13}CNMR (CDCl$_3$, 50 MHz): δ = 169.4, 143.0, 136.7, 135.8, 134.7, 133.8, 131.8, 129.7, 129.0, 128.6, 127.7, 125.0, 123.1, 120.9, 120.1, 112.7, 103.5, 78.2, 65.8 ppm

MS (70 eV): m/z (%): 287 (100) [M$^+$], 269 (35), 258 (30), 182 (40)

HRMS *m/z*: calcd for $C_{19}H_{13}NO_2$: 287.0863, found: 310.0866 ([M+Na]$^+$)

Synthesis of 6-methylfluopen 73

The product was prepared according to the general procedure **A** for the preparation of symmetrical fluopens.

5-bromo-2-chloro-6-methylpyridine 66: 206 mg, 1 mmol

2-formylbenzeneboronic acid 52: 375 mg, 2.5 mmol

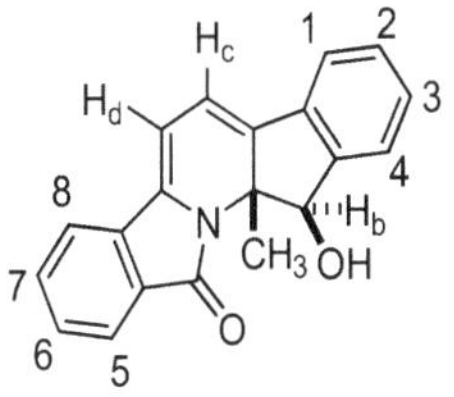

Eluent: cyclohexane/ethyl acetate 9/1

Aspect and quantity: Yellow-green solid (178 mg)

Yield: 59 %

Melting point (°C): 200

General formula and molecular weight: $C_{20}H_{15}NO_2$ (M = 301 g.mol^{-1}).

^{1}HNMR (CDCl$_3$, 400 MHz): δ = 7.85 (d, J = 7.6 Hz, 1H, H$_5$), 7.69 (d, J = 7.6 Hz, 1H, H$_8$), 7.62 (d, J = 7.5 Hz, 1H, H$_1$), 7.57 (d, J = 7.6 Hz, 1H, H$_7$), 7.50 (d, J = 7.5 Hz, 1H, H$_4$), 7.49 (t, J = 7.6 Hz, 1H, H$_6$), 7.39 (t, J = 7.5 Hz, 1H, H$_2$), 7.36 (t, J = 7.5 Hz, 1H, H$_3$), 6.53 (d, J = 6.4 Hz, 1H, H$_c$), 6.31 (d, J = 6.4 Hz, 1H, H$_d$), 5.57 (broad s, 1H, OH), 5.24 (d, $J_{Hb\text{-}OH}$ = 2.0 Hz, 1H, H$_b$), 1.25 ppm (s, 3H, CH$_3$).

^{13}CNMR (CDCl$_3$, 50 MHz): δ = 168.8, 143.3, 142.7, 135.7, 133.6, 132.0, 129.6, 129.2, 128.6, 128.2, 125.1, 123.3, 121.8, 121.3, 120.3, 112.3, 103.6, 79.9, 67.6, 17.4 ppm

MS (70 eV): *m/z* (%): 301 (30) [M$^+$], 286 (100)

HRMS *m/z*: calcd for $C_{20}H_{15}NO_2$: 301.1098, found: 324.1025 ([M+Na]$^+$).

Synthesis of 4,6-dimethylfluopen 74

The product was prepared according to the general procedure **A** for the preparation of symmetrical fluopens.

5-bromo-2-chloro-4,6-dimethylpyridine 70: 220 mg, 1 mmol

2-formylbenzeneboronic acid 52: 375 mg, 2.5 mmol

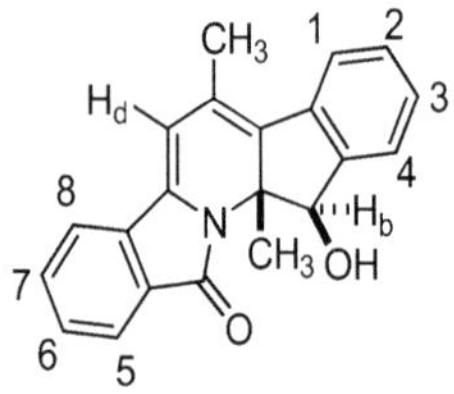

Eluent: cyclohexane/ethyl acetate 9/1

Aspect and quantity: Green solid (113 mg)

Yield: 36 %

Melting point (°C): 210

General formula and molecular weight: $C_{21}H_{17}NO_2$ (M = 315 g.mol^{-1}).

^{1}HNMR (CDCl$_3$, 600 MHz): δ = 7.88 (d, J = 7.5 Hz, 1H, H$_5$), 7.73 (d, J = 7.5 Hz, 1H, H$_8$), 7.66 (d, J = 7.5 Hz, 1H, H$_1$), 7.62 (t, J = 7.5 Hz, 1H, H$_7$), 7.61 (d, J = 7.0 Hz, 1H, H$_4$), 7.53 (t, J = 7.5 Hz, 1H, H$_6$), 7.38 (m, 2H, H$_{2,3}$), 6.19 (s, 1H, H$_d$), 5.57 (s, 1H, H$_b$), 5.46 (s, 1H, OH), 2.30 (s, 3H, CH$_3$), 1.24 ppm (s, 3H, CH$_3$)

^{13}CNMR (CDCl$_3$, 150 MHz): δ = 169.6, 143.8, 136.4, 136.1, 135.2, 133.1, 132.0, 129.3, 128.6, 128.4, 128.3, 124.9, 124.2, 123.4, 123.2, 120.3, 109.1, 79.6, 68.3, 18.4, 17.5 ppm

MS (70 eV): m/z (%): 315 (35) [M$^+$], 300 (100), 285 (16)

HRMS m/z: calcd for $C_{21}H_{17}NO_2$: 315.1273, found: 338.1173 ([M+Na]$^+$).

Synthesis of 4-phenylfluopen 125

The product was prepared according to the general procedure **A** for the preparation of symmetrical fluopens.

5-bromo-2-chloro-4-phenylpyridine 114: 268 mg, 1 mmol

2-formylbenzeneboronic acid 52: 375 mg, 2.5 mmol

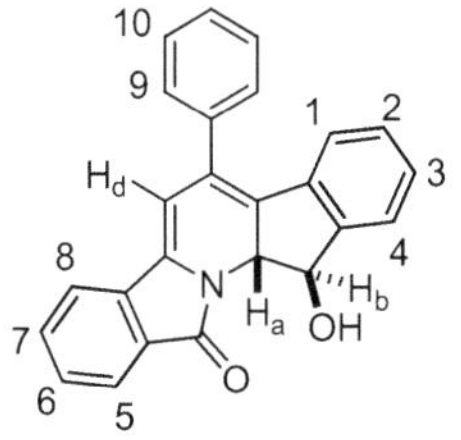

Eluent: cyclohexane/ethyl acetate 9/1

Aspect and quantity: Green solid (218 mg)

Yield: 60 %

Melting point (°C): 214

General formula and molecular weight: $C_{25}H_{17}NO_2$ (M = 363 g.mol^{-1}).

^{1}HNMR (CDCl$_3$, 250 MHz): δ = 7.93 (d, J = 7.5 Hz, 1H, H$_5$), 7.69 (d, J = 7.5 Hz, 1H, H$_8$), 7.75 – 7.40 (m, 8H, Phand H$_{4,6,7}$), 7.33 (t, J = 7.5 Hz, 1H, H$_2$), 7.07 (t, J = 7.5 Hz, 1H, H$_3$), 6.82 (d, J = 7.5 Hz, 1H, H$_1$), 6.29 (s, 1H, H$_d$), 5.93 (s, 1H, OH), 5.57 (d, J = 6.0 Hz, 1H, H$_b$), 4.77 ppm (d, J = 6.0 Hz, 1H, H$_a$)

^{13}CNMR (CDCl$_3$, 75 MHz): δ = 169.8, 144.2, 138.9, 135.7, 134.0, 132.4, 131.6, 129.8, 129.75, 129.4, 129.3, 128.6, 128.5, 128.45, 128.4, 125.2, 123.9, 123.8, 120.7, 108.4, 67.0 ppm

MS (70 eV): *m/z* (%): 294 (100) ([M-H$_2$O-C$_4$H$_4$]$^+$), 266 (55), 258 (70), 228 (50), 202 (45), 101 (32), 76 (25), 51 (15)

HRMS *m/z*: calcd for $C_{25}H_{17}NO_2$: 363.1273, found: 386.1169 ([M+Na]$^+$).

Synthesis of 4-benzaldehydefluopen 126

The product was prepared according to the general procedure **A** for the preparation of symmetrical fluopens.

4-(5-bromo-2-chloropyridin-4-yl)benzaldehyde 117: 296 mg, 1 mmol

2-formylbenzeneboronic acid 52: 375 mg, 2.5 mmol

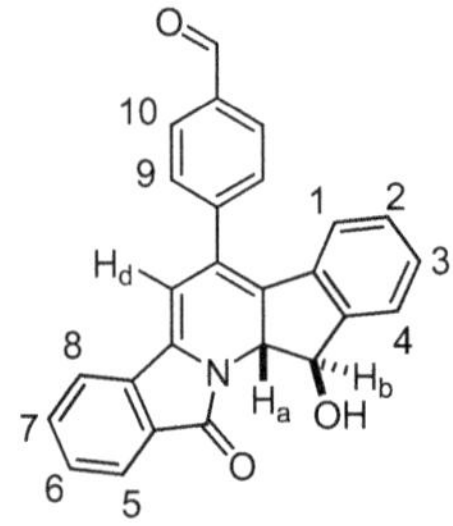

Eluent: cyclohexane/ethyl acetate 4/1

Aspect and quantity: Green solid (276 mg)

Yield: 70 %

Melting point (°C): 127

General formula and molecular weight: $C_{26}H_{17}NO_3$ (MM = 391 g.mol^{-1}).

^{1}HNMR (CDCl$_3$, 250 MHz): δ = 10. 10 (s, 1H, CHO), 7.99 (d, J = 5.0 Hz, 2H, H$_{10}$), 7.94 (d, J = 5.0 Hz, 1H, H$_5$), 7.72 – 7.53 (m, 6H, H$_{4,6,7,8,9}$), 7.36 (t, J = 5.0 Hz, 1H, H$_2$), 7.08 (t, J = 5.0 Hz, 1H, H$_3$), 6.78 (d, J = 5.0 Hz, 1H, H$_1$), 6.25 (s, 1H, H$_d$), 5.89 (s, 1H, OH), 5.58 (d, J = 4.0 Hz, 1H, H$_b$), 4.77 ppm (d, J =4.0 Hz, 1H, H$_a$)

^{13}CNMR (CDCl$_3$, 62.5 MHz): δ = 191.6, 169.5, 145.0, 144.3, 136.0, 134.9, 134.3, 132.3, 132.0, 130.4, 130.0, 129.8, 129.1, 128.3, 127.8, 125.1, 123.6, 123.5, 120.5, 106.8, 77.7, 66.7 ppm

HRMS m/z: calcd for $C_{26}H_{17}NO_3$:391.1215, found: 414.1112 ([M+Na]$^+$).

Synthesis of 4-(4-methylthiophenyl)fluopen 127

The product was prepared according to the general procedure **A** for the preparation of symmetrical fluopens.

5-bromo-2-chloro-4-(4-(methylthio)phenyl)pyridine 118: 157 mg, 0.5 mmol

2-formylbenzeneboronic acid 52: 188 mg, 1.25 mmol

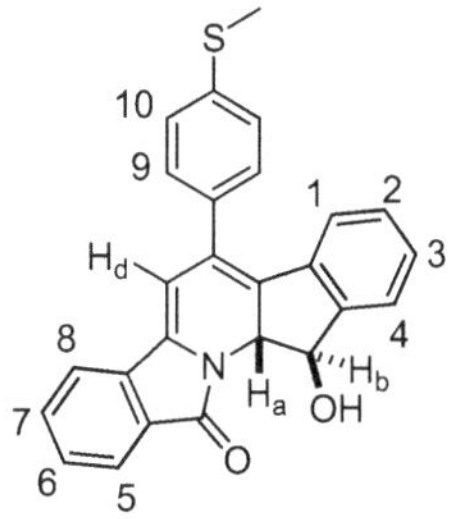

Eluent: cyclohexane/ethyl acetate 5/1

Aspect and quantity: Green solid (76 mg)

Yield: 37 %

Melting point (°C): 109

General formula and molecular weight: $C_{26}H_{19}NO_2S$ (M = 409 g.mol^{-1}).

^{1}HNMR (CDCl$_3$, 200 MHz): δ = 7.94 (d, J = 6.0 Hz, 1H, H$_5$), 7.71 – 7.50 (m, 5H, H$_{2,4,6,7,8}$), 7.34 (s, 4H, H$_{9,10}$), 7.10 (t, J = 8.0 Hz, 1H, H$_3$), 6.91 (d, J = 8.0 Hz, 1H, H$_1$), 6.25 (s, 1H, H$_d$), 5.93 (s, 1H, OH), 5.55 (d, J = 6.0 Hz, 1H, H$_b$), 4.75 (d, J = 6.0 Hz, 1H, H$_a$), 2.56 ppm (s, 3H, SMe).

^{13}CNMR (CDCl$_3$, 50 MHz): δ = 169.5, 143.9, 138.7, 135.4, 135.1, 134.9, 133.8, 132.1, 131.3, 129.6, 129.5, 128.7, 1284, 128.3, 128.2, 126.6, 124.9, 123.6, 123.5, 120.4, 108.1, 66.7, 15.6 ppm

HRMS *m/z*: calcd for $C_{26}H_{19}NO_2S$:409.1142, found: 432.1029 ([M+Na]$^+$).

Synthesis of 4-(4-dimethylamino)phenylfluopen 128

The product was prepared according to the general procedure **A** for the preparation of symmetrical fluopens.

4-(5-bromo-2-chloropyridin-4-yl)-N,N-dimethylbenzenamine 119: 155 mg, 0.5 mmol

2-formylbenzeneboronic acid 52: 188 mg, 2.5 mmol

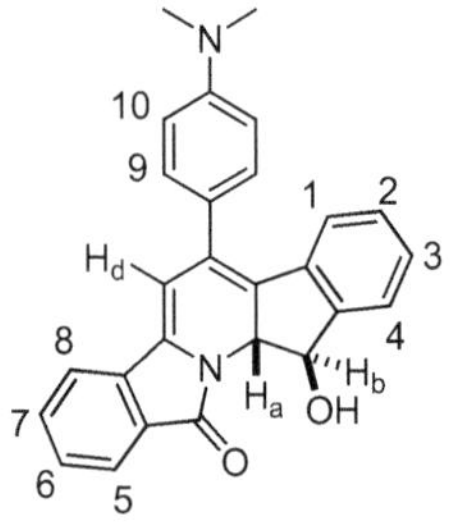

Eluent: cyclohexane/ethyl acetate 9/1

Aspect and quantity: Yellow-green solid (93 mg)

Yield: 46 %

Melting point (°C): 201

General formula and molecular weight: $C_{27}H_{22}N_2O_2$ (M = 406 g.mol^{-1}).

^{1}HNMR (CDCl$_3$, 200 MHz): δ = 7.92 (d, J = 6.0 Hz, 1H, H$_5$), 7.67 – 7.48 (m, 4H, H$_{1,6,7,8}$), 7.31 (m, 3H, H$_{2,3,4}$), 7.08 (m, 2H, H$_9$), 6.80 (d, J = 8.0 Hz, 2H, H$_{10}$), 6.31 (s, 1H, H$_d$), 5.97 (s, 1H, OH), 5.55 (d, J = 6.0 Hz, 1H, H$_b$), 4.76 (d, J = 6.0 Hz, 1H, H$_a$), 3.04 ppm (s, 6H, NMe$_2$).

^{13}CNMR (CDCl$_3$, 50 MHz): δ = 169.5, 150.2, 143.7, 135.9, 135.0, 133.5, 132.0, 130.5, 129.3, 129.2, 129.1,129.0, 128.3, 128.1,126.1, 124.7, 123.6, 123.4, 120.4, 112.4, 109.1, 66.7, 40.5 ppm

HRMS *m/z*: calcd for $C_{27}H_{22}N_2O_2$: 406.1691, found: 407.1770 ([MH]$^+$).

Synthesis of 4-(4-methoxyphenyl)fluopen 129

The product was prepared according to the general procedure **A** for the preparation of symmetrical fluopens.

5-bromo-2-chloro-4-(4-methoxyphenyl)pyridine 120: 149 mg, 0.5 mmol

2-formylbenzeneboronic acid 52: 188 mg, 1.25 mmol

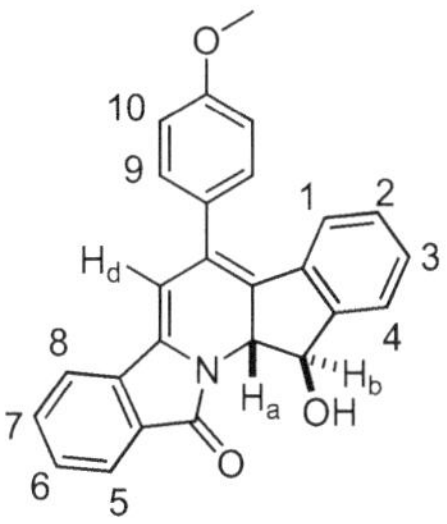

Eluent: cyclohexane/ethyl acetate 6/1

Aspect and quantity: Green solid (110 mg)

Yield: 56 %

Melting point (°C): 184

General formula and molecular weight: $C_{26}H_{19}NO_3$ (M = 393 g.mol^{-1}).

^{1}HNMR (CDCl$_3$, 250 MHz): δ = 7.93 (d, J = 6.0 Hz, 1H, H$_5$), 7.71 – 7.50 (m, 4H, H$_{1,6,7,8}$), 4.76 (d, J = 8.0 Hz, 2H, H$_9$), 7.13 –6.89 (m, 4H, H$_{2,3,4,10}$), 6.27 (s, 1H, H$_d$), 5.92 (s, 1H, OH), 5.56 (d, J = 6.0 Hz, 1H, H$_b$), 4.76 (d, J = 6.0 Hz, 1H, H$_a$), 3.89 ppm (s, 3H, OMe).

^{13}CNMR (CDCl$_3$, 62.5 MHz): δ = 169.5, 159.5, 143.9, 135.6, 135.0, 133.7, 132.1, 131.2, 130.8, 129.5, 129.4, 128.8, 128.3, 128.2, 124.9, 123.6, 123.5, 120.4, 114.4, 108.5, 77.9, 66.7, 55.3 ppm.

HRMS m/z: calcd for $C_{26}H_{19}NO_3$:393.1373, found: 416.1270 ([M+Na]$^+$).

Synthesis of *p*-dimethoxyfluopen 189

The product was prepared according to the general procedure **A** for the preparation of symmetrical fluopens.

2-bromo-5-iodopyridine 67: 284 mg, 1 mmol

4-methoxy-2-formylbenzeneboronic acid 172: 448 mg, 2.5 mmol

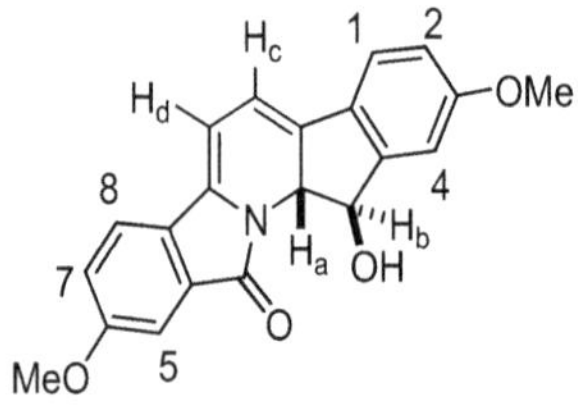

Eluent: cyclohexane/ethyl acetate 8/1

Aspect and quantity: Green solid (191 mg)

Yield: 55 %

Melting point (°C): 170

General formula and molecular weight: $C_{21}H_{17}NO_4$ (M = 347 g.mol^{-1}).

^{1}HNMR (CDCl$_3$, 200 MHz): δ = 7.50 (d, *J* = 8.5 Hz, 1H, H$_8$), 7.34 (d, *J* = 8.5 Hz, 1H, H$_1$), 7.25 (d, *J* = 2.5 Hz, 1H, H$_5$), 7.09 (d, *J* = 2.0 Hz, 1H, H$_4$), 7.07 (dd, *J* = 2.5, 8.5 Hz, 1H, H$_7$), 6.86 (dd, *J* = 2.0, 8.5 Hz, 1H, H$_2$), 6.28 (dd, *J* = 2.5, 6.5 Hz, 1H, H$_c$), 6.09 (d, *J* = 6.5 Hz, 1H, H$_d$), 5.80 (s, 1H, OH), 5.31 (d, *J* = 5.5 Hz, 1H, H$_b$), 4.57 (dd, *J* = 2.5, 5.5 Hz, 1H, H$_a$), 3.84 (s, 3H, OCH$_3$), 3.83 ppm (s, 3H, OCH$_3$)

^{13}CNMR (CDCl$_3$, 50 MHz): δ = 169.5, 161.5, 160.8, 145.2, 135.9, 132.8, 129.4, 128.8, 128.0, 122.2, 121.5, 120.6, 116.9, 110.7, 108.5, 105.6, 103.0, 78.2, 66.2, 55.7, 55.6 ppm

HRMS *m/z*: calcdfor $C_{21}H_{17}NO_4$: 347.1153, found: 370.1024 ([M+Na]$^+$).

Synthesis of *m*-dimethoxyfluopen 190

The product was prepared according to the general procedure **A** for the preparation of symmetrical fluopens.

2-bromo-5-iodopyridine 67: 142 mg, 0.5 mmol

5-methoxy-2-formylbenzeneboronic acid 186: 268 mg, 1.5 mmol

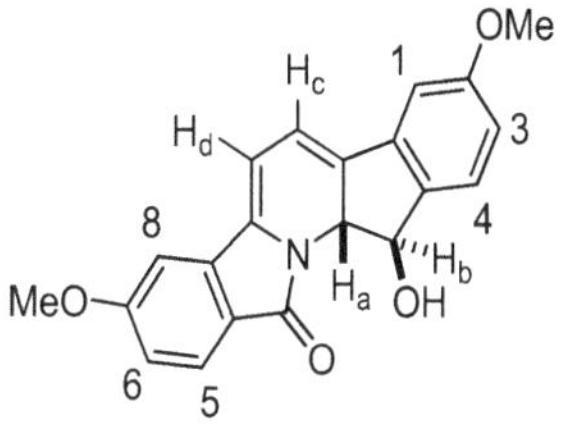

Eluent: cyclohexane/ethyl acetate 9/1

Aspect and quantity: Green solid (164 mg)

Yield: 31 %

Melting point (°C): 130

General formula and molecular weight: $C_{21}H_{17}NO_4$ (M = 347 g.mol^{-1}).

^{1}HNMR (CDCl$_3$, 400 MHz): δ = 7.76 (d, *J* = 8.4 Hz, 1H, H$_5$), 7.52 (d, *J* = 9.2 Hz, 1H, H$_4$), 7.11 (d, *J* = 2.0 Hz, 1H, H$_8$), 7.02 (dd, *J* = 2.0, 8.4 Hz, 1H, H$_6$), 6.97 (m, 2H, H$_{1,3}$), 6.46 (dd, *J* = 2.8, 6.0 Hz, 1H, H$_c$), 6.23 (d, *J* = 6.0 Hz, 1H, H$_d$), 5.64 (s, 1H, OH), 5.38 (d, *J* = 5.6 Hz, 1H, H$_b$), 4.62 (dd, *J* = 2.8, 5.6 Hz, 1H, H$_a$), 3.90 (s, 3H, OCH$_3$), 3.84 ppm (s, 3H, OCH$_3$)

^{13}CNMR (CDCl$_3$, 50 MHz): δ = 169.5, 163.2, 160.4, 137.2, 137.1, 136.8, 135.7, 134.3, 126.3, 126.0, 124.7, 117.0 ; 116.5, 112.6, 104.9, 104.2, 103.2, 77.9, 66.2, 55.6, 55.4 ppm

HRMS *m/z*: calcd for $C_{21}H_{17}NO_4$: 347.1153, found: 370.1067 ([M+Na]$^+$).

Synthesis of *p*-di(dimethyl)aminofluopen 191

The product was prepared according to the general procedure **A** for the preparation of symmetrical fluopens.

2-bromo-5-iodopyridine 67: 284 mg, 1 mmol

4-(dimethyl)amino-2-formylbenzeneboronic acid 171: 567 mg, 3 mmol

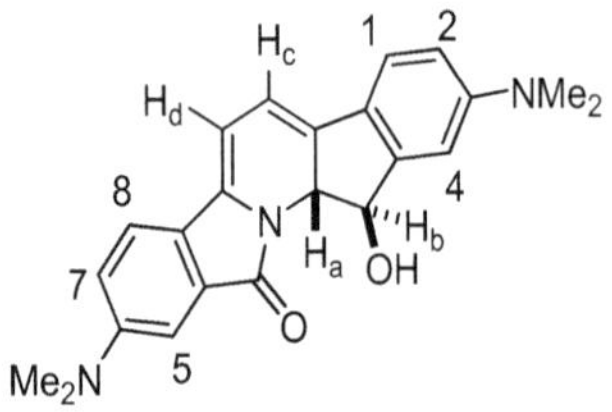

Eluent: cyclohexane/ethyl acetate 9/1

Aspect and quantity: Red solid (90 mg)

Yield: 12 %

Melting point (°C): 208

General formula and molecular weight: $C_{23}H_{23}N_3O_2$ (M = 373 g.mol^{-1}).

^{1}HNMR (CDCl$_3$, 250 MHz): δ = 7.50 (d, *J* = 8.4 Hz, 1H, H$_8$), 7.34 (d, *J* = 8.4 Hz, 1H, H$_1$), 7.07 (d, *J* = 2.0 Hz, 1H, H$_5$), 6.90 (m, 2H, H$_{4,7}$), 6.69 (dd, *J* = 2.0, 8.4 Hz, 1H, H$_2$), 6.26 (dd, *J* = 2.6, 6.2 Hz, 1H, H$_c$), 6.06 (d, *J* = 6.2 Hz, 1H, H$_d$), 5.99 (s, 1H, OH), 5.35 (d, *J* = 5.8 Hz, 1H, H$_b$), 4.61 (dd, *J* =2.6, 5.8 Hz, 1H, H$_a$), 3.05 (s, 6H, N(CH$_3$)$_2$), 3.03 ppm (s, 6H, N(CH$_3$)$_2$)

^{13}CNMR (CDCl$_3$, 66 MHz): δ = 169.1, 150.8, 150.1, 143.9, 134.8, 131.9, 128.6, 124.0, 122.8, 121.2, 120.4, 115.7, 112.7, 108.4, 106.9, 104.5, 101.4, 78.4, 66.5, 41.2, 41.15 ppm

HRMS *m/z*: calcdfor $C_{23}H_{23}N_3O_2$: 373.1785, found: 396.1690 ([M+Na]$^+$).

Synthesis of *p*-difluorofluopen 192

The product was prepared according to the general procedure **A** for the preparation of symmetrical fluopens.

2-bromo-5-iodopyridine 67: 142 mg, 0.5 mmol

4-Fluoro-2-formylbenzeneboronic acid 168: 210 mg, 1.25 mmol

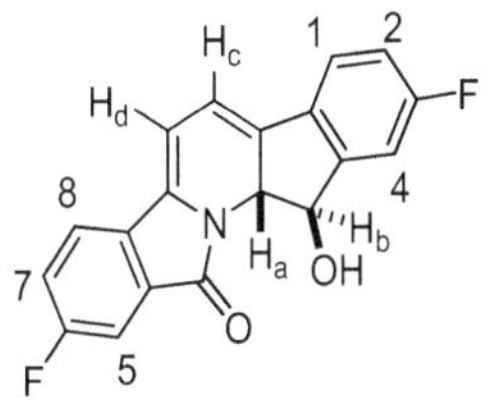

Eluent: cyclohexane/ethyl acetate 9/1

Aspect and quantity: Green solid (191 mg)

Yield: 51 %

Melting point (°C): 204

General formula and molecular weight: $C_{19}H_{11}F_2NO_2$ (M = 323 g.mol^{-1}).

¹HNMR (CDCl$_3$, 200 MHz): δ = 7.69 (dd, J_{H-H} = 8.4 Hz and J_{H-F} = 4.4 Hz, 1H, H$_8$), 7.55 (dd, J_{H-H} = 2.0 Hz and J_{H-F} = 7.6 Hz, 1H, H$_5$), 7.48 (t, J_{H-H} = 8.4 Hz and J_{H-F} = 4.8 Hz, 1H, H$_1$), 7.33 (m, 2H, H$_{2,7}$), 7.08 (dd, J_{H-H} = 2.0 Hz and J_{H-F} = 8.8 Hz, 1H, H$_4$), 6.48 (dd, J = 2.5, 6.0 Hz, 1H, H$_c$), 6.27 (d, J = 6.0 Hz, 1H, H$_d$), 5.62 (s, 1H, OH), 5.43 (d, J = 5.4 Hz, 1H, H$_b$), 4.71 ppm (dd, J = 2.5, 5.4 Hz, 1H, H$_a$)

¹³CNMR (CDCl$_3$, 50 MHz): δ = 166.5, 166.3, 165.7, 135.7, 132.9, 131.9, 122.2, 120.2, 119.7, 116.8, 116.3, 112.6, 112.2, 110.2, 109.8, 103.6, 78.0, 66.2 ppm

¹⁹F NMR (CDCl$_3$/C$_6$F$_6$, 188 MHz): δ = -112.4 ppm

HRMS *m/z:* calcdfor$C_{19}H_{11}F_2NO_2$: 323.0753, found: 346.0658 ([M+Na]$^+$).

9- General procedure B for the preparation of symmetrical 6-arylfluopens

An oven-dried resealable Schlenk flask was charged with Pd(OAc)$_2$ (11.2 mg, 0.05 mmol, 5.0 mol %), XPhos ligand (24 mg, 0.05mmol, 5.0 mol %), the **2-formylbenzeneboronic acid** (750 mg, mmol), K$_3$PO$_4$Powder (1.37 g, 7.0 mmol) and the **3-bromo-6-chloro-2-arylpyridine** (1.0 mmol). The flask was evacuated and backfilled with argon then degassed dioxane (6 mL) was added through the rubber septum. After heating for 12h at 100°C, the reaction mixture was cooled to room temperature, extracted with ethyl acetate (3 x 20 mL) and dried over MgSO$_4$. After filtration on celite and concentration, the residue was purified by chromatography on silica gel (cyclohexane/ethyl acetate) to give solid products.

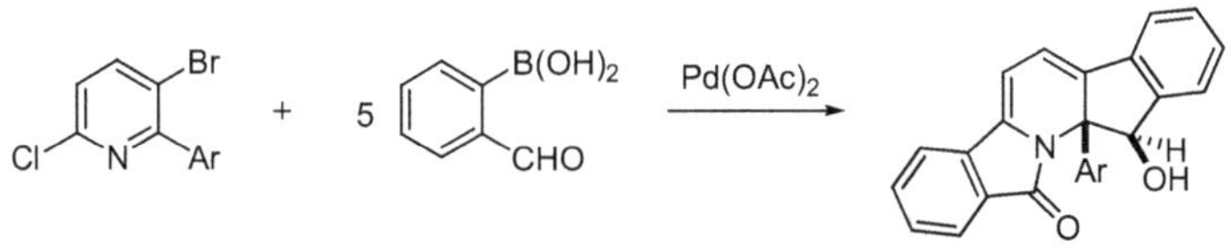

Synthesis of 6-phenylfluopen 104

The product was prepared according to the general procedure **B** for the preparation of symmetrical 6-arylfluopens.

3-bromo-6-chloro-2-phenylpyridine 102: 134 mg, 0.5 mmol

2-formylbenzeneboronic acid 52: 375 mg, 2.5 mmol

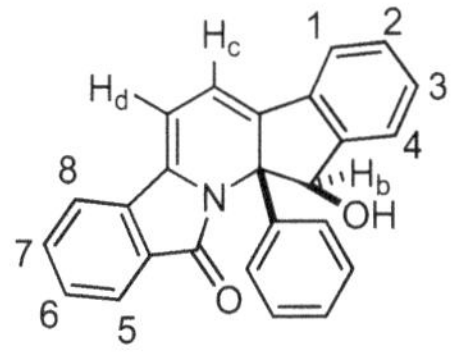

Eluent: cyclohexane/ethyl acetate 95/5

Aspect and quantity: Yellow solid (96 mg)

Yield: 53 %

Melting point (°C): 238

General formula and molecular weight: $C_{25}H_{17}NO_2$ (M = 363 g.mol^{-1}).

^{1}H NMR (CDCl$_3$, 250 MHz): δ = 7.98(m, 1H, H$_5$), 7.77 (m, 1H, H$_8$), 7.73 – 7.65 (m, 2H, H$_{4,6}$), 7.64 – 7.54 (m, 2H, H$_{1,7}$), 7.52 – 7.38 (m, 2H, H$_{2,3}$), 7.24-7.08 (m, 3H, H$_{Ar}$), 6.90-6.80 (m, 2H, H$_{Ar}$), 6.61 (d, J = 6.0 Hz, 1H, H$_c$), 6.31 (d, J = 6.0 Hz, 1H, H$_d$), 5.97 (s, 1H, H$_b$), 4.86 (d, J = 2.0 Hz, 1H, OH).

^{13}C NMR (CDCl$_3$, 62.5 MHz): δ = 170.7, 144.1, 142.0, 137.9, 137.4, 135.2, 135.1, 132.5, 129.9, 129,6, 128.9, 128.2, 127.7, 126.4, 124.9, 123.9, 121.0, 120.6, 113.6, 104.4, 81.4, 73.3 ppm

HRMS *m/z*: calcd for $C_{25}H_{17}NO_2$: 363.1279, found: 386.1176 ([M+Na]$^+$).

Synthesis of 6-(4-methoxyphenyl)fluopen 138

The product was prepared according to the general procedure **B** for the preparation of symmetrical 6-arylfluopens.

3-bromo-6-chloro-2-(4-methoxyphenyl)pyridine 132: 149 mg, 0.5 mmol

2-formylbenzeneboronic acid 52: 188 mg, 2.5 mmol

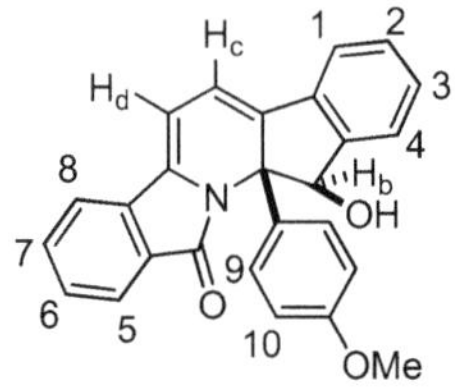

Eluent: cyclohexane/ethyl acetate 95/5

Aspect and quantity: Yellow solid (110 mg)

Yield: 52 %

Melting point (°C): 160

General formula and molecular weigh: $C_{26}H_{19}NO_3$ (M = 393 g.mol^{-1}).

^{1}H NMR (CDCl$_3$, 400 MHz): δ = 7.95 (m, 1H, H$_5$), 7.74 (m, 1H, H$_8$), 7.69 –7.63 (m, 2H, H$_{4,6}$), 7.60 –7.54 (m, 2H, H$_{1,7}$), 7.47 –7.37 (m, 2H, H$_{2,3}$), 6.78 (d, J = 9.0 Hz, 2H, H$_9$), 6.65 (d, J = 9.0 Hz, 2H, H$_{10}$), 6.62 (d, J = 6.0 Hz, 1H, H$_d$), 6.33 (d, J = 6.0 Hz, 1H, H$_c$), 5.94 (m, 1H, H$_b$), 4.91 (d, J = 4.0 Hz, 1H, OH), 3.66 ppm (s, 3H, OMe).

^{13}C NMR (CDCl$_3$, 100 MHz): δ = 170.6, 158.9, 144.1, 142.1, 137.2, 135.1, 134.9, 132.4, 131.4, 130.0, 129.9, 129.5, 128.9, 127.6, 124.8, 123.8, 121.0, 120.5, 113.6, 113.3, 104.4, 81.3, 72.8, 55.0 ppm

HRMS *m/z*: calcd for $C_{26}H_{19}NO_3$: 393.0048, found: 432.1031. ([M+K]$^+$).

Synthesis of 6-(4-(methylthio)phenylfluopen 139

The product was prepared according to the general procedure **B** for the preparation of symmetrical 6-arylfluopens.

3-bromo-6-chloro-2-(4-(methylthio)phenyl)pyridine 133: 157 mg, 0.5 mmol

2-formylbenzeneboronic acid 52: 375 mg, 2.5 mmol

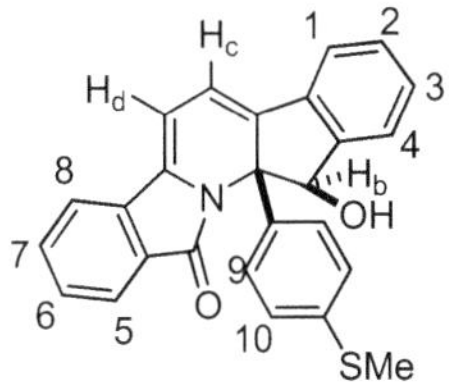

Eluent: cyclohexane/ethyl acetate 95/5

Aspect and quantity: Yellow solid (76 mg)

Yield: 50 %

Melting point (°C): 98

General formula and molecular weight: $C_{26}H_{19}NO_2 S$ (M = 409 g.mol^{-1}).

^{1}H NMR (CDCl$_3$, 400 MHz): δ = 7.95 (m, 1H, H$_5$), 7.74 (m, 1H, H$_8$), 7.69 – 7.64 (m, 2H, H$_{4,6}$), 7.60 – 7.54 (m, 2H, H$_{1,7}$), 7.48 – 7.38 (m, 2H, H$_{2,3}$), 6.90 (d, J = 9.0 Hz, 2H, H$_{10}$), 6.76 (d, J = 9.0 Hz, 2H, H$_9$), 6.62 (d, J = 6.0 Hz, 1H, H$_c$), 6.33 (d, J = 6.0 Hz, 1H, H$_d$), 5.69 (m, 1H, H$_b$), 4.90 (d, J = 2.5 Hz, 1H, OH), 2.33 ppm (s, 3H, SMe).

^{13}C NMR (CDCl$_3$, 100 MHz): δ = 170.6, 143.9, 141.8, 138.0, 137.2, 135.1, 134.9, 134.7, 132.5, 129.9, 129.6, 128.9, 127.6, 126.9, 126.1, 124.8, 123.9, 121.0, 120.5, 113.5, 104.3, 81.3, 72.9, 15.4 ppm

HRMS m/z: calcd for $C_{26}H_{19}NO_2S$: 409.1149, found: 432.1047 ([M+Na]$^+$).

Synthesis of 6-(4-formylphenyl)fluopen 140

The product was prepared according to the general procedure **B** for the preparation of symmetrical 6-arylfluopens.

4-(3-bromo-6-chloropyridin-2-yl)benzaldehyde 134: 148 mg, 0.5 mmol

2-formylbenzeneboronic acid 52: 375 mg, 2.5 mmol

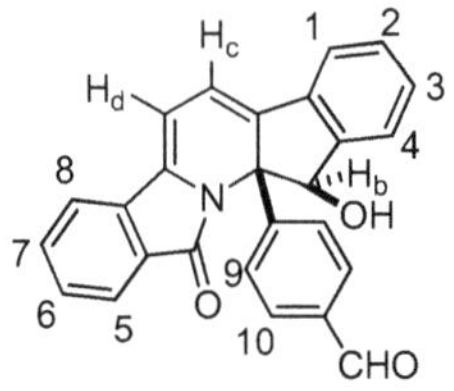

Eluent: cyclohexane/ethyl acetate 95/5

Aspect and quantity: Yellow solid (278 mg)

Yield: 71 %

Melting point (°C): 152

General formula and molecular weight: $C_{26}H_{17}NO_3$ (M = 391 g.mol^{-1}).

^{1}H NMR (CDCl$_3$, 400 MHz): δ = 9.87 (s, 1H, CHO), 7.97 (m, 1H, H$_5$), 7.80 – 7.74 (m, 1H, H$_8$), 7.73 – 7.66 (m, 2H, H$_{4,6}$), 7.65 – 7.56 (m, 4H, H$_{1,7,10}$), 7.51 – 7.41 (m, 2H, H$_{2,3}$), 7.0 (d, J = 8.5 Hz, 2H, H$_9$), 6.64 (d, J = 6.0 Hz, 1H, H$_c$), 6.33 (d, J = 6.0 Hz, 1H, H$_d$), 6.0 (m, 1H, H$_b$), 4.85 ppm (d, J = 2.5 Hz, 1H, OH)

^{13}C NMR (CDCl$_3$, 50 MHz): δ = 191.6, 170.5, 144.8, 143.6, 141.0, 137.0, 135.5, 135.0, 132.7, 130.1, 129.8, 129.4, 129.1, 127.3, 127.1, 124.8, 123.9, 121.1, 120.7, 114.1, 104.3, 81.4, 73.1 ppm

HRMS *m/z*: calcd for $C_{26}H_{17}NO_3$: 391.1209, found: 414.1107 ([M+Na]$^+$).

Synthesis of 6-(4-pyridinyl)fluopen 142

The product was prepared according to the general procedure **B** for the preparation of symmetrical 6-arylfluopens.

3-chloro-6-bromo-2,4'-bipyridine 136: 134 mg, 0.5 mmol

2-formylbenzeneboronic acid 52: 188 mg, 2.5 mmol

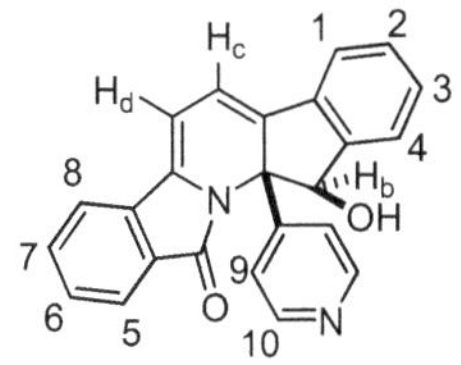

Eluent: cyclohexane/ethyl acetate 9/1

Aspect and quantity: Yellow solid (40 mg)

Yield: 22 %

Melting point (°C): 136

General formula and molecular weight: $C_{24}H_{16}N_2O_2$ (MM = 365 g.mol^{-1}).

^{1}**H NMR** (CDCl$_3$, 200 MHz): δ = 8.35 (d, 2H, H$_{10}$), 7.97 (m, 1H, H$_5$), 7.82–7.36 (m, 9H, H$_{1,2,3,4,6,7,8,9}$), 6.66 (d, J = 6.0 Hz, 1H, H$_c$), 6.35 (d, J = 6.0 Hz, 1H, H$_d$), 6.01 (m, 1H, H$_b$), 4.85 ppm (d, J = 2.5 Hz, 1H, OH).

^{13}**C NMR** (CDCl$_3$, 50 MHz): δ = 170.5, 143.5, 140.6, 136.9, 135.5, 135.0, 134.9, 132.9, 130.3, 129.9, 129.6, 129.3, 127.7, 127.4, 124.9, 124.1, 121.2, 120.7, 114.2, 104.2, 81.3, 72.8 ppm

HRMS *m/z*: calcd for $C_{24}H_{16}N_2O_2$: 364.1189, found: 365.1269. ([MH]$^+$).

Synthesis of 6-(4-phenyloxymethyl)fluopen 146

The product was prepared according to the general procedure **B** for the preparation of symmetrical 6-arylfluopens.

3-chloro-6-bromo-2,4'-bipyridine 145: 149 mg, 0.5 mmol

2-formylbenzeneboronic acid 52: 188 mg, 2.5 mmol

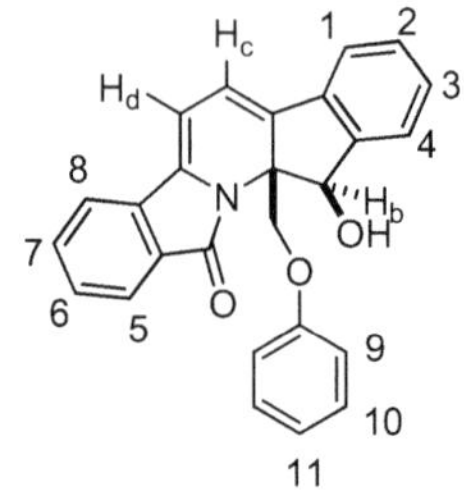

Eluent: cyclohexane/ethyl acetate 9/1

Aspect and quantity: Yellow solid (104 mg)

Yield: 53 %

Melting point (°C): 135

General formula and molecular weight: $C_{26}H_{19}NO_3$ (M = 393 g.mol^{-1}).

^{1}H NMR (CDCl$_3$, 200 MHz): δ = 7.95 (m, 1H, H$_5$), 7.78 – 7.31 (m, 7H, H$_{1,2,3,4,6,7,8}$), 7.15–7.05 (m, 2H, H$_{10}$), 6.85 – 6.60(m, 4H, H$_{c,9,11}$), 6.32 (d, J = 6.0 Hz, 1H, H$_d$), 5.77 (s, 1H, OH), 5.34 (s, 1H, H$_b$), 4.61 (d, J = 10.0 Hz, 1H, CH$_2$), 4.30 ppm (d, J = 10.0 Hz, 1H, CH$_2$).

^{13}C NMR (CDCl$_3$, 50 MHz): δ = 170.1, 158.7, 142.4, 137.6, 136.2, 135.2, 135.1, 133.4, 132.0, 129.6, 129.2, 124.8, 123.4, 121.3, 120.7, 115.8, 114.6, 103.8, 80.3, 70.3, 68.0 ppm

HRMS m/z: calcd for $C_{26}H_{19}NO_3$: 393.1359, found: 416.1261. ([M+Na]$^+$).

10-General procedure C for the preparation of unsymmetrical fluopens

To a degassed toluene solution (2 mL) containing Pd(PPh$_3$)$_4$ (29 mg, 0.025 mmol), NaBr (only in the case of chlorinated pyridines) (50 mg, 0.5mmol) and **substituted 2-(6-halogenopyridin-3-yl)benzaldehyde** (0.5 mmol) were successively added degassed solutions of **substituted 2-formylboronic acid** (0.6 mmol) in methanol (1 mL) and Na$_2$CO$_3$ (110 mg, 1 mmol) in water (1 mL). After heating for 12h at 100°C, the reaction mixture was cooled to room temperature, extracted with ethyl acetate and dried over MgSO$_4$. After concentration, the residue was purified by chromatography on silica gel (hexanes/ethyl acetate) to give **fluopens** as solids.

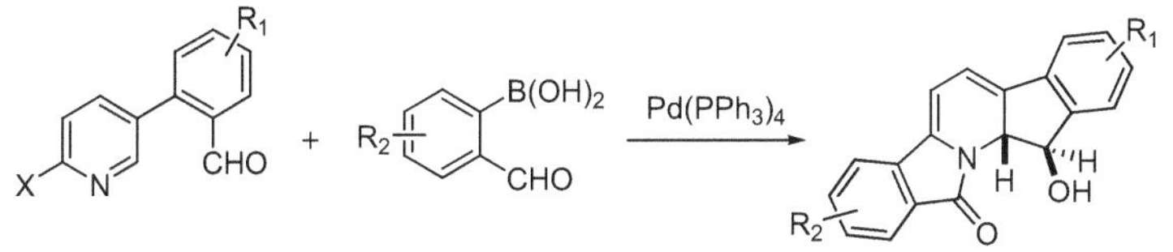

Synthesis of *p*-methoxyfluopen (right) 209

The product was prepared according to the general procedure **C** for the preparation of unsymmetrical fluopens.

2-(6-chloropyridin-3-yl)-5-methoxybenzaldehyde 200: 124 mg, 0.5 mmol

2-formylbenzeneboronic acid 52: 112 mg, 0.75 mmol

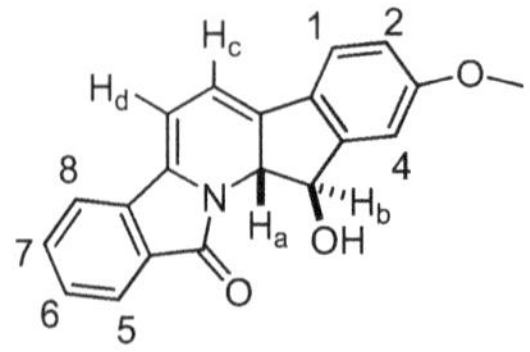

Eluent: cyclohexane/ethyl acetate 6/1

Aspect and quantity: Yellow-green solid (100 mg)

Yield: 63 %

Melting point (°C): 152

General formula and molecular weight: $C_{20}H_{15}NO_3$ (M = 317 g.mol^{-1}).

^{1}H NMR (CDCl$_3$, 200 MHz): δ = 7.83 (d, *J* = 7.0 Hz, 1H, H$_5$), 7.65-7.30 (m, 4H, H$_{1,6,7,8}$), 7.12 (s, 1H, H$_4$), 6.88 (dd, *J* = 2.0, 8.0 Hz, 1H, H$_2$), 6.32 (dd, *J* = 2.0, 6.0 Hz, 1H, Hc), 6.23 (d, 1H, H$_d$), 5.83 (s, 1H, OH), 5.35 (d, *J* = 6.0 Hz, 1H, H$_b$), 4.60 (dd, *J* = 2.0, 6.0 Hz, 1H, H$_a$), 3.84 ppm (s, 3H, OMe).

^{13}C NMR (CDCl$_3$, 50 MHz): δ = 169.5, 161.6, 145.2, 136.7, 135.0, 132.9, 131.8, 128.8, 128.6, 127.7, 123.1, 122.2, 120.1, 116.8, 110.5, 108.4, 104.2, 78.1, 66.0, 55.5 ppm

HRMS *m/z*: calcd for $C_{20}H_{15}NO_3$: 317.1047, found: 340.0944 ([M+Na]$^+$)

Synthesis of *p*-methoxyfluopen (left) 210

The product was prepared according to the general procedure C for the preparation of unsymmetrical fluopens.

2-(6-bromopyridin-3-yl)benzaldehyde 83: 131 mg, 0.5 mmol

2-formyl-4-methoxyphenylboronic acid 172: 135 mg, 0.75 mmol

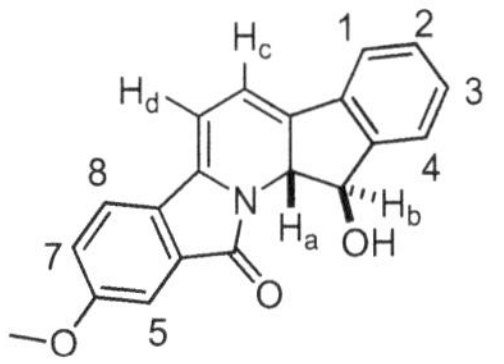

Eluent: cyclohexane/ethyl acetate 6/1

Aspect and quantity: Green solid (171 mg)

Yield: 54 %

Melting point (°C): 209

General formula and molecular weight: $C_{20}H_{15}NO_3$ (M = 317 g.mol^{-1}).

^{1}H NMR (CDCl$_3$, 200 MHz): δ = 7.58(m,2H, H$_{5,8}$), 7.48 (dd, *J* = 1.5, 4.0 Hz, 1H, H$_1$), 7.40-7.31 (m, 3H, H$_{2,3,4}$), 7.17 (dd, *J* = 1.5, 4.0 Hz, 1H, H$_7$), 6.52 (dd, *J* = 1.5, 4.0 Hz, 1H, Hc), 6.19 (d, *J* = 4.0 Hz,1H, H$_d$), 5.73 (s, 1H, OH), 5.45 (d, *J* = 4.0 Hz, 1H, H$_b$), 4.68 (dd, *J* = 1.5, 3.0 Hz, 1H, H$_a$), 3.84 ppm (s, 3H, OMe).

^{13}C NMR (CDCl$_3$, 50 MHz): δ = 169.6, 161.0, 143.1, 136.1, 133.9, 129.7, 129.6, 128.8, 127.9, 125.1, 121.6, 120.9, 120.6, 112.9, 105.7, 102.4, 78.4, 66.1, 55.8 ppm

HRMS *m/z*: calcd for $C_{20}H_{15}NO_3$: 317.1053, found: 340.0950. ([M+Na]$^+$).

Synthesis of *p*-dimethylamino,*p*-methoxyfluopen 211

The product was prepared according to the general procedure **C** for the preparation of unsymmetrical fluopens.

2-(6-chloropyridin-3-yl)-5-(dimethylamino)benzaldehyde 207: 130 mg, 0.5 mmol

2-formyl-4-methoxyphenylboronic acid 172: 135 mg, 0.75 mmol

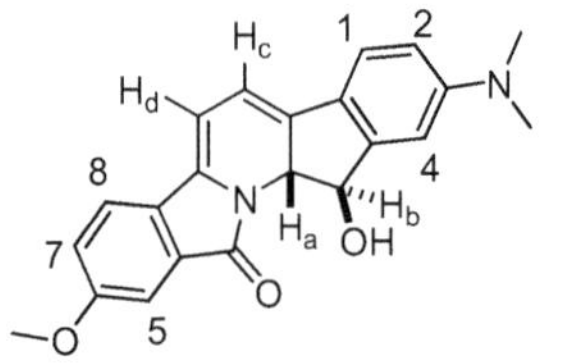

Eluent: cyclohexane/ethyl acetate 6/1

Aspect and quantity: Red solid (131 mg)

Yield: 73 %

Melting point (°C): 144

General formula and molecular weight: $C_{22}H_{20}N_2O_3$ (M = 360 g.mol^{-1}).

^{1}H NMR (CDCl$_3$, 200 MHz): δ = 7.56 (d, *J* = 8.5 Hz, 1H, H$_8$), 7.39-7.31 (m, 2H, H$_{1,5}$), 7.12 (d, *J* = 8.5, Hz, 1H, H$_7$), 6.92 (s, 1H, H$_4$), 6.72 (d, *J* = 8.0 Hz, 1H, H$_2$) 6.27 (d, *J* = 6.0 Hz, 1H, H$_c$), 6.17 (d, *J* = 6.5 Hz,1H, H$_d$), 5.91 (s, 1H, OH), 5.36 (d, *J* = 5.5 Hz, 1H, H$_b$), 4.61 (d, *J* =4.5 Hz, 1H, H$_a$), 3.89 (s, 3H, OMe), 3.04 ppm (s, 6H, NMe$_2$).

^{13}C NMR (CDCl$_3$, 50 MHz): δ = 169.5, 160.5, 152.0, 145.1, 136.9, 131.9, 129.3, 128.2, 124.4, 122.1, 121.3, 120.6, 113.3, 108.5, 107.3, 105.4, 103.8, 78.3, 66.3, 55.7, 40.6 ppm

HRMS *m/z*: calcd for $C_{22}H_{20}N_2O_3$: 360.1481, found: 361.1561. ([M+H]$^+$).

Synthesis of *p*-dimethylaminofluopen (left) 212

The product was prepared according to the general procedure **C** for the preparation of unsymmetrical fluopens.

2-(6-bromopyridin-3-yl)benzaldehyde 83: 131 mg, 0.5 mmol

4-(dimethylamino)-2-formylphenylboronic acid 171: 132 mg, 0.7 mmol

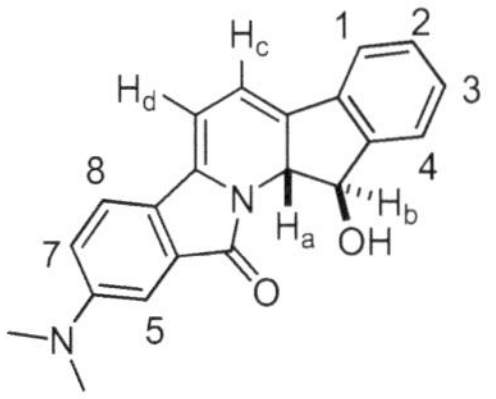

Eluent: cyclohexane/ethyl acetate 6/1

Aspect and quantity: Red solid (104 mg)

Yield: 63 %

Melting point (°C): 195

General formula and molecular weight: $C_{21}H_{18}N_2O_2$ (M = 330 g.mol^{-1}).

^{1}H NMR (CDCl$_3$, 200 MHz): δ = 7.62-7.33(m,5H, H$_{1,2,3,4,8}$), 7.07 (s, 1H, H$_5$), 6.88 (dd, *J* = 2.0, 8.0 Hz, 1H, H$_7$), 6.47 (dd, *J* = 3.0, 6.0 Hz, 1H, Hc), 6.04 (d, *J* = 6.0 Hz,1H, H$_d$), 5.83 (s, 1H, OH), 5.40 (d, *J* = 6.0 Hz, 1H, H$_b$), 4.62 (dd, *J* = 2.5, 5.5 Hz, 1H, H$_a$), 3.04 ppm (s, 6H, NMe$_2$).

^{13}C NMR (CDCl$_3$, 50 MHz): δ = 170.4, 151.4, 142.9, 136.3, 134.7, 134.6, 129.6, 129.2, 128.6, 125.0, 122.8, 121.4, 120.7, 116.0, 113.3, 104.8, 100.4, 78.5, 66.1, 40.5 ppm

HRMS *m/z*: calcd for $C_{21}H_{18}N_2O_2$: 330.1365, found: 331.1445. ([M+H]$^+$).

Synthesis of *m*-methoxy,*p*-dimethylaminofluopen 213

The product was prepared according to the general procedure **C** for the preparation of unsymmetrical fluopens.

2-(6-bromopyridin-3-yl)-4-methoxybenzaldehyde 203: 150 mg, 0.5 mmol

4-(dimethylamino)-2-formylphenylboronic acid 171: 132 mg, 0.7 mmol

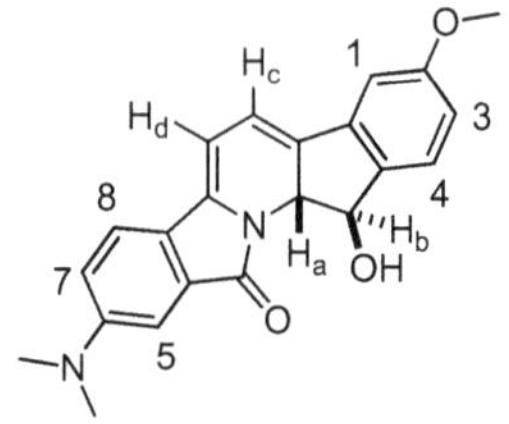

Eluent: cyclohexane/ethyl acetate 6/1

Aspect and quantity: Red solid (85 mg)

Yield: 47 %

Melting point (°C): 196

General formula and molecular weight: $C_{22}H_{20}N_2O_3$ (M = 360 g.mol^{-1}).

^{1}H NMR (CDCl$_3$, 200 MHz): δ = 7.51 (s, 2H, H$_{1,5}$), 7.48 (d, *J* = 2.5 Hz, 1H, H$_8$), 6.95-6.87 (m, 3H, H$_{3,4,7}$), 6.51 (d, *J* = 6.0 Hz, 1H, Hc), 6.04 (d, *J* = 6.0 Hz,1H, H$_d$), 5.74 (s, 1H, OH), 5.36 (d, *J* = 5.5 Hz, 1H, H$_b$), 4.61 (dd, *J* =3.0, 5.0 Hz, 1H, H$_a$), 3.84 (s, 3H, OMe), 3.06 ppm (s, 6H, NMe$_2$).

^{13}C NMR (CDCl$_3$, 50 MHz): δ = 170.4, 160.4, 151.4, 137.7, 135.5, 134.7, 134.6, 129.7, 126.0, 122.8, 121.4, 116.4, 116.0, 113.3, 104.9, 104.7, 100.3, 78.0, 66.4, 55.5, 40.6 ppm

HRMS *m/z*: calcd for $C_{22}H_{20}N_2O_3$: 360.1479, found: 383.1376. ([M+Na]$^+$).

Synthesis of *p*-dimethylaminofluopen (right) 214

The product was prepared according to the general procedure C for the preparation of unsymmetrical fluopens.

2-(6-chloropyridin-3-yl)-5-(dimethylamino)benzaldehyde 207: 130 mg, 0.5 mmol

2-formylbenzeneboronic acid 52: 111 mg, 0.75 mmol

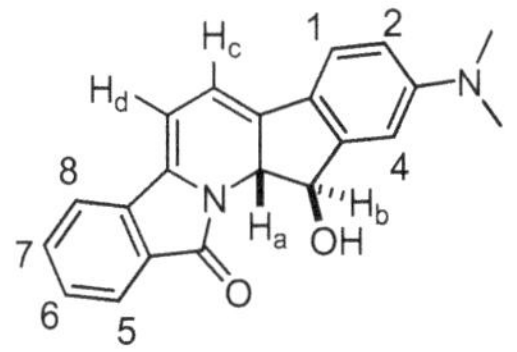

Eluent: cyclohexane/ethyl acetate 6/1

Aspect and quantity: Red solid (78 mg)

Yield: 47 %

Melting point (°C): 193

General formula and molecular weight: $C_{21}H_{18}N_2O_2$ (M = 331 g.mol^{-1}).

^{1}H NMR (CDCl$_3$, 200 MHz): δ = 7.86 (d, *J* = 7.0 Hz, 1H, H$_5$), 7.70-7.35 (m, 4H, H$_{1,6,7,8}$), 6.90 (s, 1H, H$_4$), 6.70 (d, *J* = 8.0, 1H, H$_2$), 6.28 (s, 2H,H$_{c,d}$), 5.94 (s, 1H, OH), 5.37 (d, *J* = 6.0 Hz, 1H, H$_b$), 4.63 (d, *J* = 6.0 Hz, 1H, H$_a$), 3.03 ppm (s, 6H, NMe$_2$).

^{13}C NMR (CDCl$_3$, 50 MHz): δ = 169.5, 152.1, 145.2, 137.8, 135.1, 131.9, 131.7, 128.4, 127.6, 124.0, 123.1, 122.2, 119.9, 113.1, 108.3, 107.1, 105.1, 78.2, 66.1, 40.5 ppm

HRMS *m/z*: calcd for $C_{21}H_{18}N_2O_2$: 330.1368, found: 353.1260 ([M+Na]$^+$).

Synthesis of fluopen 224

The product was prepared according to the general procedure **C** for the preparation of unsymmetrical fluopens.

1-(2-(6-bromopyridin-3-yl)phenyl)ethanone 223: 138 mg, 0.5 mmol

2-formylbenzeneboronic acid 52: 111 mg, 0.75 mmol

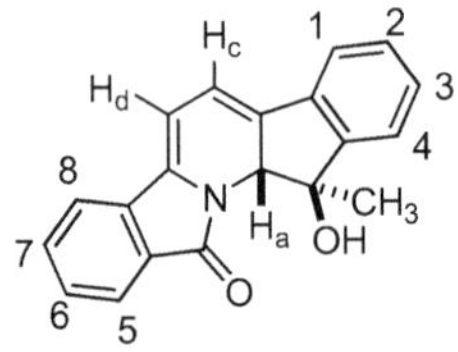

Eluent: cyclohexane/ethyl acetate 9/1

Aspect and quantity: Green solid (57 mg)

Yield: 38 %

Melting point (°C): 138

General formula and molecular weight: $C_{20}H_{15}NO_2$ (M = 301 g.mol^{-1}).

^{1}H NMR (CDCl$_3$, 200 MHz): δ = 7.56 (d, J = 8.5 Hz, 1H, H$_8$), 7.39-7.31 (m, 2H, H$_{1,5}$), 7.12 (d, J = 8.5, Hz, 1H, H$_7$), 6.92 (s, 1H, H$_4$), 6.72 (d, J = 8.0 Hz, 1H, H$_2$) 6.27 (d, J = 6.0 Hz, 1H, Hc), 6.17 (d, J = 6.5 Hz,1H, H$_d$), 5.91 (s, 1H, OH), 5.36 (d, J = 5.5 Hz, 1H, H$_b$), 4.61 (d, J =4.5 Hz, 1H, H$_a$), 3.89 (s, 3H, OMe), 3.04 ppm (s, 6H, NMe$_2$).

^{13}C NMR (CDCl$_3$, 50 MHz): δ = 169.5, 160.5, 152.0, 145.1, 136.9, 131.9, 129.3, 128.2, 124.4, 122.1, 121.3, 120.6, 113.3, 108.5, 107.3, 105.4, 103.8, 78.3, 66.3, 55.7, 406 ppm

HRMS *m/z* : calcd for $C_{20}H_{15}NO_2$: 301.1097, found: 300.1018. (M-H)

11- Typical procedure for the "one-pot" synthesis of fluopens 209 and 214 from 196

6-chloropyridin-3-yl-3-boronic acid **196** (143.5 mg, 1 mmol), [Pd$_2$(dba)$_3$] (22 mg, 0.024 mmol), PCy$_3$ (16 mg, 0.058 mmol) and **2-bromobenzaldéhyde 149** (1.2 mmol) were added to a 50-mL Schlenk flask equipped with a stir bar in air. The flask was evacuated and refilled with argon five times. Dioxane (6 mL), and aqueous K$_3$PO$_4$ (1.27 M, 3 mL) were added by syringe. The Schlenk flask was heated under argon in an oil bath at 100°C for 18 h with vigorous stirring. After cooling to room temperature, **52** (225 mg, 1.5 mmol) was added and the mixture was heated at 100°C for 5h. The mixture was then filtered through a pad of silica gel (washing with EtOAc), the filtrate concentrated under reduced pressure, and the aqueous residue extracted three times with EtOAc. The combined extracts were dried over anhydrous MgSO$_4$, filtered, and concentrated. The residue was then purified by column chromatography on silica gel (hexanes/EtOAc 4/1).

12- Synthesis of [2-(6-chloro-pyridin-3-yl)-benzylidene]-(4-methoxy-phenyl)-amine 234

Aldehyde (175 mg, 0.8 mmol) was dissolved in dichloromethane (10 mL). *p*-Anisidine (98.4 mg, 0.8 mmol) and MgSO$_4$ (150 mg) were successively added and the mixture was stirred at room temperature overnight. After filtration and evaporation, the imine was obtained quantitatively and used for the next step without further purification.

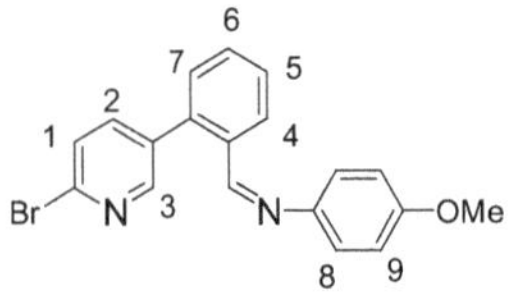

Aspect and quantity: Wax (294 mg)

Yield (Rdt): 100%

Melting point (°C): --

General formula and molecular weight: C$_{19}$H$_{15}$BrN$_2$O (M = 367 g.mol^{-1}).

^{1}H NMR (CDCl$_3$, 200 MHz): δ = 8.39 (m, 2H, H$_3$ and CHN), 8.30 (m, 1H, H$_2$), 7.60 – 7.45 (m, 4H, H$_{4,5,6,7}$), 7.31 (m, 1H, H$_1$), 7.11 (d, *J* = 8.8 Hz, 2H, H$_8$), 6.86 (d, *J* = 8.8 Hz, 2H, H$_9$), 3.77 ppm (s, 3H, OCH$_3$).

13- Synthesis of fluopen 235

To a degassed toluene solution (5 mL) containing Pd(PPh$_3$)$_4$ (29 mg, 0.025 mmol) and **[2-(6-chloro-pyridin-3-yl)-benzylidene]-(4-methoxy-phenyl)-amine** (183 mg, 0.5 mmol), degassed solutions of **2-formylbenzeneboronic acid** (100 mg, 0.6 mmol) in methanol (1 mL) and Na$_2$CO$_3$ (110 mg, 1 mmol) in water (1.5 mL) were successively added. After heating for 12h at 100°C, the reaction mixture was cooled to room temperature, extracted with ethyl acetate and dried over MgSO$_4$. After concentration, the residue was purified by chromatography on silica gel (hexanes/ethyl acetate 9/1) to give the fluopen as a solid.

Aspect and quantity: Green solid (71 mg)

Yield: 36 %

Melting point (°C): 136

General formula and molecular weight: C$_{26}$H$_{20}$N$_2$O$_2$ (M = 392 g.mol^{-1}).

^{1}H NMR (CDCl$_3$, 250 MHz): δ = 7.80 (d, J = 7.5 Hz, 1H, H$_5$), 7.63 (dd, J = 2.0, 7.5 Hz, 1H, H$_8$), 7.62 (d, J = 7.5 Hz, 1H, H$_1$), 7.53 (m, 2H, H$_{4,7}$), 7.44 (dt, J = 2.0, 7.5 Hz, 1H, H$_6$), 7.36 (t, J = 7.5 Hz, 1H, H$_2$), 7.35 (t, J = 7.5 Hz, 1H, H$_3$), 6.68 (d, J = 9.2 Hz, 2H, H$_9$), 6.60 (d, J = 9.2 Hz, 2H, H$_{10}$), 6.53 (dd, J = 6.0, 2.5 Hz, 1H, H$_c$), 6.23 (d, J = 6.0 Hz, 1H, H$_d$), 5.16 (d, J = 6.5 Hz, 1H, H$_b$), 5.05 (dd, J = 6.5, 2.5 Hz, 1H, H$_a$), 3.67 ppm (s, 3H, OCH$_3$).

^{13}C NMR (CDCl$_3$, 75 MHz): δ = 169.2, 152.8, 144.4, 141.4, 138.0, 136.5, 135.2, 134.8, 131.8, 129.8, 129.1, 128.5, 128.2, 125.8, 123.2, 121.0, 119.9, 117.9, 114.6, 113.2, 103.2, 65.3, 59.6, 55.6 ppm

MS (70 eV): *m/z* (%): 269 (100) [M-NH*p*-MeOPh]$^+$, 240 (18), 214 (16), 135 (15), 121 (30), 107 (38)

HRMS *m/z*: calcd for C$_{26}$H$_{20}$N$_2$O$_2$: 392.1525, found: 390.1359 (M-H$_2$).

14- Synthesis of 6-(4-phenylmethanol)fluopen 143

To a solution of 6-(4-formylphényl)fluopen (78 mg, 0.2 mmol), in methanol (2mL) was added $NaBH_4$ (7.4 mg, 0.2 mmol). The mixture was stired at room temperature (25°C) for 1h. After that, the mixture was washed with water and separated, dried over $MgSO_4$ and concentred afforded the desired product.

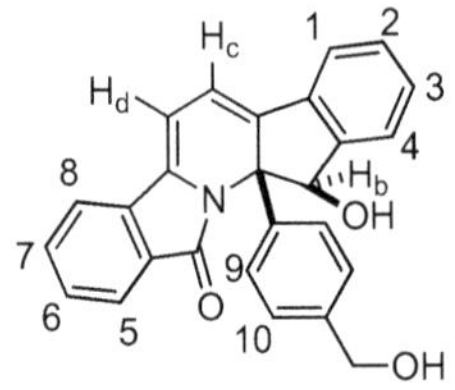

Aspect and quantity: Yellow solid (93 mg)

Yield: 98 %

Melting point (°C): 184

General formula and molecular weight: $C_{26}H_{19}NO_3$ (M = 393 g.mol^{-1}).

^{1}H NMR (CDCl$_3$, 200 MHz): δ = 7.95 (m, 1H, H$_5$), 7.79 – 7.53 (m, 6H, H$_{1,4,6,7,8,OH}$), 7.48 – 7.39 (m, 2H, H$_{2,3}$), 7.12 (d, J = 8.5 Hz, 2H, H$_{10}$), 6.84 (d, J = 8.5 Hz, 2H, H$_9$), 6.64 (d, J = 6.0 Hz, 1H, H$_c$), 6.33 (d, J = 6.0 Hz, 1H, H$_d$), 5.98 (s, 1H, H$_b$), 4.89 ppm (d, J = 2.5 Hz, 1H, OH)

^{13}C NMR (CDCl$_3$, 50 MHz): δ = 170.6, 143.9, 141.8, 140.3, 137.4, 137.2, 135.1, 135.0, 132.5, 130.0, 129.0, 129.6, 127.5, 126.8, 126.7, 124.8, 123.9, 121.0, 120.5, 113.5, 104.3, 81.3, 73.0, 64.9 ppm

HRMS *m/z* : calcd for $C_{26}H_{19}NO_3$: 393.1356, found: 416.1253. ([M+Na]$^+$).

Références

1- McNulty, J.; Nair, J. J.; Bastida, J.; Pandey, S.; Griffin, C. *Phytochemistry* **2009**, *70*, 913.
2- Bonjoch, J; Solé, D. *Chem. Rev.* **2000**, *100*, 3455.
3- Venditto, V. J.; Simanek, E. E. *Mol. Pharm.* **2010**, *7*, 307.
4- Garrido, L.; Zubia, E.; Ortega, M. J.; Salva, J. *J. Org. Chem.* **2003**, *68*, 293.
5- Müller, T. J. J.; D'Souza, D. M. *Pure Appl. Chem.* **2008**, *80*, 609.
6- Mitsumori, T.; Bendikov, M.; Dautel, O.; Wudl, F.; Sato, H.; Sato, Y. *J. Am. Chem. Soc.* **2004**, *126*, 16793.
7- Boiadjiev, S. E.; Leightner, D. A. *J. Org. Chem.* **2005**, *70*, 688.
8- Kim, E; Koh, M.; Lim, B. J.; Park, S. B. *J. Am. Chem. Soc.* **2011**, *133*, 6642.
9- (a) Gonçalves, M. S. T. *Chem. Rev.* **2009**, *109*, 190. (b) Davis, L. D.; Raines, R. T. *ACS Chem. Biol.* **2008**, *3*, 142.
10- (a) Willardson, R. K.; Weber, E.; Mueller. G.; Sato, Y. *Electroluminescence I, Semiconductors and Semimetals Series*; Academic Press: New York, 1999. (b) Bulovic, V.; Forrest, S. R.; Mueller-Mach, R.; Mueller, G. O.; Leslela, M.; Li, W.; Ritala, M.; Neyts, K. *Electroluminescence II, Semiconductors and Semimetals Series*; Academic Press: New York, 2000.
11- Grabulosa, A.; Beley, M.; Gros, P. *Eur. J. Inorg. Chem.* **2008**, 1747.
12- Caramori, S.; Husson, J.; Beley, M.; Bignozzi, C.A.; Argazzi, R.; Gros, P. *Chem. Eur. J.* **2010**, *16*, 2611.
13- Richeter, S.; Jeandon, C.; Gisselbrecht, J-P.; Ruppert, R.; Callot, H.J. *Inorg. Chem.* **2007**, *49*, 10241.
14- Comoy, C.; Banaszak, E.; Fort, Y. *Tetrahedron* **2006**, *62*, 6036
15- (a) Chartoire, A.; Comoy, C.; Fort, Y. *Tetrahedron* **2008**, *64*, 10867. (b) Chartoire, A.; Comoy, C.; Fort, Y. *J. Org. Chem.* **2010**, *75*, 2227.
16- (a) Abboud, M.; Aubert, E.; Manane, V. *Beilstein J. Org. Chem.* **2012**, *8*, 253. (b) Abboud, M.; Manane, V.; Aubert, E.; Lecomte, C.; Fort, Y. *J. Org. Chem.* **2010**, *75*, 3224
17- Manane, V.; Aubert, E.; Peluso, P.; Cossu, S. *J. Org. Chem.* **2012**, *77*, 2579
18- (a) Wolfe, J. P.; Wagaw, S.; Marcoux, J.-L.; Buchwald, S. L. *Acc. Chem. Res.* **1998**, *31*, 805. (b) Hartwig, J. F. *Acc. Chem. Res.* **1998**, *31*, 852.
19- Miyaura, N.; Suzuki, A.; *Chem. Rev.* **1995**, *95*, 2457.
20- Miyaura, N.; Yanagi, T.; Suzuki, A. *Synth. Commun.* **1981**, *11*, 513.

21- Suzuki, A. *J. Organomet. Chem.* **1999**, *576*, 147.
22- (a) Fauvarque, J. F.; Pflüger, F.; Troupel, M. *J. Organomet. Chem.* **1979**, *208*, 419. (b) Amatore, C.; Pflüger, F. *Organometallics* **1990**, *9*, 2276.
23- (a) Amatore, C.; Jutand, A.; M'barki, M. A. *Organometallics* **1992**, *11*, 3009. (b) Amatore, C.; Jutand, A.; Suarez, A*J. Am. Chem. Soc.* **1993**, *115*, 9531. (c) Amatore, C.; Jutand, A.; Khalil, F.; M'barki, M. A.; Mottier, L. *Organometallics* **1993**, *12*, 3168.(d) Amatore, C.; Jutand, A. *Acc. Chem. Res.* **2000**, *33*, 314.
24- Blackburn, T. F.; Schwartz, J. *J. Chem. Soc., Chem. Commun.* **1977**, 157.
25- (a) Dai, C.; Fu, G. C. *J. Am. Chem. Soc.* **2001**, *123*, 2719. (b) Littke, A. F.; Schwartz, L.; Fu, G. C. *J. Am. Chem. Soc.* **2002**, *124*, 6343.
26- (a) Yin, J.; Rainka, M. P.; Zhang, X. X.; Buchwald, S. L. *J. Am. Chem. Soc.* **2002**, *124*, 1162. (b) Walker, S. D.; Barder, T. E.; Martinelli, J. R.; Buchwald, S. L. *Angew. Chem. Int. Ed.* **2004**, *43*, 1871. (c) Martin, R. ; Buchwald, S.L. *Acc. Chem. Res.* **2008**, *41*, 1461.
27- Vlaar, T.; Ruijter, E.; Orru R. V. A. *Adv. Synth.Catal.* **2011**, *353*, 809.
28- (a) Cuny, G.; Bois-Choussy, M.; Zhu, J. *Angew. Chem. Int. Ed.* **2003**, *42*, 4774.(b) Cuny, G.; Bois-Choussy, M.; Zhu, J. *J. Am. Chem. Soc.* **2004**, *126*, 14475.
29- Mentzel, U. V.; Tanner, D.; Tonder, J. E. *J. Org. Chem.* **2006**, *71*, 5807.
30- Kim, Y. H.; Lee, H.; Kim, Y. J.; Kim, B. T.; Heo, J.-N. *J. Org. Chem.* **2008**, *73*, 495.
31- Kim, J. K.; Kim, Y. H.;Nam, H. T.; Kim, B. T.; Heo, J. N. *Org. Lett.,* **2008**, *10*, 3543.
32- Hu, Y.; Ouyang, Y.; Qu, Y.; Hu, Q.; Yao, H. *Chem. Commun.* **2009**, 4575.
33- Huang, X.; Zhu, S. G.; Shen, R. W. *Adv. Synth. Catal.* **2009**, *351*, 3118.
34- Curran, D. P.; Du, W. *Org. Lett.* **2002**, *4*, 3215.
35- Huang, P.; Chen, Z.; Yang, Q.; Peng,Y. *Org. Lett.* **2012**, *14*, 2790.
36- Chernyak, D.; Gevorgyan V. *Org. Lett.* **2010**, *12*, 5558.
37- Seregin, I. V.; Schammel, A. W.; Gevorgyan, V. *Org. Lett.* **2007**, *9*, 3433.
38- Chouhan, G.; Alper, H. *J. Org. Chem.* **2009**, *74*, 6181.
39- Yip, K.T.; Zhu, N.Y.; Yang, D. *Org. Lett.* **2009**, *9*, 11.
40- Ohno, H.; Iuchi, M.; Kojima, N.; Yoshimitsu, T.; Fujii, N.; TanakaT. *Chem. Eur. J.* **2012**, *18*, 5352.
41- Nicolaou, K. C.; Edmonds, D. J.; Bulger, P.G. *Angew Chem. Int. Ed.* **2006**, *45*, 7134.
42- Anderson, E. A. *Org. Biomol. Chem.* **2011**, *9*, 3997.
43- Xia, Z.; Wang, K.; Zheng, J.; Ma, Z.; Jiang, Z.; Wang, X.; Lv, X. *Org. Biomol. Chem.* **2012**, *10*, 1602.

44- Nakamura, I.; Sato, Y.; Terada, M. *J. Am Chem. Soc.* **2009**, *131*, 4198.

45- Waldmann, H.; Eberhardt, L.; Wittstein K.; Kumar, K. *Chem. Commun.* **2010**, *46*, 4622.

46- Guggenheim, K. G.; Toru, H.; Kurth, M. J. *Org. Lett.* **2012**, **DOI:** 10.1021/ol301592z

47- Rostovtsev, V. V.; Green, L. G.; Fokin, V. V.; Sharpless, K. B. *Angew. Chem. Int. Ed.* **2002**, *41*, 2596.

48- Wen, L. R.; Liu, C.; Li, M.; Wang, L. J. *J. Org. Chem.* **2010**, *75*, 7605.

49- Yu, F.; Yan, S.; Hu, L.; Wang, Y.; Lin, J. *Org. Lett.* **2011**, *13*, 4782.

50- Huang, X.; Zhang, T. *Tetrahedron Lett.* **2009**, *50*, 208.

51- Yang, Y.; Chunsong, X.; Yongju X.; Zhang, Y. *Org. Lett.* **2012**, *14*, 957.

52- Lavis, L. D.; Raines, R. T. *ACS Chem. Biol.* **2008**, *3*, 142.

53- puliti, D.; Warther, D.; Orange, C.; Specht, A.; Goeldner M. *Bioorg. Med. Chem.* **2011**, *19*, 1023.

54- Rizo, P.; Dinten, J.-M.; Texier I. *Biotribune*, **2009**, 33.

55- Kricka, L. J. *Ann. Clin. Biochem.* **2002**, *39*, 114.

56- Handbook of Fluorescent Probes and Research Product. 9th Edition, Haugland R.P. Molecular Probes, USA, **2002**.

57- Li, G.; Gong, W. T.; Ye, J. W.; Lin, Y.; Ning, G. L. *Tetrahedron Lett.* **2011**, *52*, 1313.

58- Xuan, W.; Sheng, C.; Cao, Y.; He, W.; Wang, W. *Angew. Chem. Int. Ed.* **2012**, *51*, 2282.

59- Wu, X.; Wu, Z.; Han, S. *Chem. Commun.* **2011**, *47*, 11468.

60- Kowada, T.; Kikuta, J.; Kubo, A.; Ishii, M.; Hiroki, M.; Mizukami, S.; Kikuchi, K. *J. Am. Chem. Soc.* **2011**, *133*, 17772.

61- Kumar, K.; Waldmann, H. *Angew.Chem. Int. Ed.* **2009**, *48*, 3224.

62- Navarro, J. A. R.; Lippert, B. *Coord.Chem. Rev.* **2001**, *222*, 219.

63- Müller, T. J. J.; D'Souza, D. M. *Pure Appl. Chem.* **2008**, *80*, 609.

64- Chelucci, G.; Thummel, R. P. *Chem. Rev.* **2002**, *102*, 3129.

65- (a) Anderson, J. C.; Osborne, J. D.; Woltering, T. J. *Org. Biomol. Chem.* **2008**, *6*, 330. (b) Hansen, J. G.; Johannsen, M. *J. Org. Chem.* **2003**, *68*, 1266. (c) Fukuda, T.; Imazato, K.; Iowa, M. *Tetrahedron Lett.* **2003**, *44*, 7503.

66- Fu, G. C. *Acc. Chem. Res.* **2004**, *37*, 542.

67- Mamane, V.; Fort, Y. *J. Org. Chem.* **2005**, *70*, 8220.

68- de Koning, C. B.; Michael, J. P.; Rousseau, A. L. *J. Chem. Soc., Perkin Trans. 1*, **2000**, 1705.

69- Mamane, V.; Louërat, F.; Iehl, J.; Abboud, M.; Fort, Y. *Tetrahedron* **2008**, *64*, 10699.

70- (a) Atatreh, N.; Stojkoski, C.; Smith, P.; Booker, G. W.; Dive, C.; Frenkel, A. D.; Freeman, S.; Bryce, R. A. *Bioorg. Med. Chem. Lett.* **2008**, *18*, 1217. (b) Cappelli, A.; Giuliani, G.; Gallelli, A.; Valenti, S.; Anzini, M.; Mennuni, L.; Makovec, F.; Cupello, A.; Vomero, S. *Bioorg. Med. Chem.* **2005**, *13*, 3455. (c) Murthy, M.; Pedemonte, N.; MacVinish, L.; Malietta, L.; Cuthbert, A. *Eur. J. Pharmacol.* **2005**, *516*, 118. (d) Szkotak, A. J.; Murthy, M.; MacVinish, L. J.; Duszyk, M.; Cuthbert, A. W. *Br. J. Pharmacol.* **2004**, *142*, 531.

71- (a) Matsumiya, H.; Hoshino, H.; Yotsuyanagi, T. *Analyst* **2001**, *126*, 2082. (b) Chou, P.-T.; Wei, C.-Y. *J. Phys. Chem.* **1996**, *100*, 17059.

72- Prema, D.; Wiznycia, A. V.; Scott, B. M. T.; Hilborn, J.; Desper, J.; Levy, C. J. *Dalton Trans.* **2007**, 4788.

73- (a) Mamane, V.; Fort, Y. *Tetrahedron Lett.* **2006**, *47*, 2337. (b) Mamane, V. *Targets in Heterocyclic Systems. Chemistry and Properties* **2006**, *10*, 197.

74- Mamane, V.; Louerat, F.; Fort, Y. *Lett. Org. Chem.* **2010**, *7*, 90.

75- (a) Gros, P.; Fort, Y. *Eur. J. Org. Chem.* **2009**, 4199. (b) Gros, P.; Fort, Y. *Eur. J. Org. Chem.* **2002**, 3375.

76- (a) Louërat, F.; Fort, Y.; Mamane, V. *Tetrahedron Lett.* **2009**, *50*, 5716. (b) Alexakis, A.; Amiot, F. *Tetrahedron: Asymmetry* **2002**, *13*, 2117.

77- Mamane, V.; Aubert, E.; Fort, Y. *J. Org. Chem.* **2007**, *72*, 7294.

78- (a) Gros, P.; Fort, Y.; Quéguiner, G.; Caubère, P. *Tetrahedron Lett.* **1995**, *36*, 4791. (b) Gros, P.; Fort, Y.; Caubère, P. *J. Chem. Soc., Perkin Trans.* **1997**, 3071. (d) Khartabil, H. K.; Gros, P. C.; Fort, Y.; Ruiz-López, M. F. *J. Am. Chem. Soc.* **2010**, *132*, 2410.

79- Chamas, Z.; Dietz, O.; Aubert, E.; Fort, Y.; Mamane, V. *Org. Biomol. Chem.* **2010**, *8*, 4815.

80- Anastas, P.T.; Warner, J.C. *Green chemistry theory and practice*, Oxford, Oxford university, **1998**, 135.

81- Bouillon, A.; Lancelot, J.C.; Collot, V.; Bovy, P.R.; Rault, S. *Tetrahedron*, **2002**, *58*, 2885.

82- Pour l'importance des effets de sels dans les réactions de couplage au palladium, voir : Beletskaya, I. P.; Cheprakov A. V. *Chem. Rev.* **2000**, *100*, 3009

83- Abe, Y.; Ohsawa, A.; Igeta, H. *Heterocycles* **1982**, *19*, 49.

84- McMillan, F.; McNab, H.; Reed, D. *Tetrahedron Lett.* **2007**, *48*, 2401.

85- Ohsawa, A.; Abe, Y.; Igeta, H. *Bull. Chem. Soc. Jpn* **1980**, *53*, 3273.
86- (a) Chen, Y.; Wang, P. G. *Tetrahedron Lett.* **2001**, *42*, 4955. (b) Espenson, J. H.; Zhu, Z.; Zauche, T. H. *J. Org. Chem.* **1999**, *64*, 1191.
87- Miller, R. A.; Hoerrner, R.S. *Org. Lett*, **2003**, 285.
88- Mancuso, A. J.; Swern, D. *Synthesis* **1981**, 165.
89- Cheng, J.; Xu, L.; Stevens, E. D.; Trudell, M. L. *J. Het.c Chem.* **2004**, *41*,569.
90- Wolfe, J. P.; Singer, R. A.; Yang, B. H.; Buchwald, S. L. *J. Am. Chem. Soc.* **1999**, 121, 9550.
91- Cottet, F.; Schlosser, M. *Tetrahedron* **2004**, *60*, 11869.
92- Gollner, A.; Koutentis, P. A. *Org. Lett.* **2010**, *12*, 1352.
93- Lamsa, M.; Kiviniemi, S.; Kettukangas, E.R.; Pursiainen, J.; Rissanen, K. *J. Phys. Org. Chem.*, **2001**, *14*, 551.
94- (a) Gilman, H.; Young, R. V. *J. Am. Chem. Soc.* **1934**, *56*, 1415. (b) Schlosser, M. *Organometallics in synthesis: A Manual* **1994**, *chap.1*, 1-166, Ed. Wiley.
95- Leroux, F.; Schlosser, M.; Zohar, E.; Marek, I. *Chem. Organolithium Compd.* **2004**, *1*, 435.
96- Par exemple : (a) Gschwend, H. W.; Rodriguez, H. R. *Org. React.* **1979**, *26*, 1. (b) Snieckus, V. *Chem. Rev.* **1990**, *90*, 879. (c) Quéguiner, G.; Marsais, F.; Snieckus, V.; Epsztajn, J. *Adv. Heterocycl. Chem.* **1991**, *52*, 187. (d) Mortier, J.; Vaultier, M. *C. R. Acad. Sci., Ser. IIc Chim.***1998**, *1*, 465. (e) Hartung, C. G.; Snieckus, V. *Mod. Arene Chem.* **2002**, 330.
97- Cody, J.; Fahrani, C. J. *Tetrahedron* **2004**, *60*, 11099.
98- Lulinski, S.; Serwatowski, J.; Szczerbinska, M. *Eur. J. Org. Chem.* **2008**, *39*, 1797.
99- Wang, L.; Wang, G. T.; Wang, X. Tong, Y.; Sullivan, G.; Park, D.; Leonard, N. M.; Li, Q.; Cohen, J.; Marsh, K.; Rosenberg S. H.; Sham, H. L.; Lin, N. H. *J. Med. Chem.* **2004**, *47*, 612.
100- Tietze, L. F.; Brasche, G.; Grube, A.; Bçhnke, N.; Stadler, C.*Chem. Eur. J.* **2007**, *13*, 8543.
101- Comins, D L.; Brown, J D. *J. Org. Chem.* **1984**, 49, 1078.
102- Bower, J. F.; Szeto, P.; Gallagher, T. *Org. Biomol. Chem.* **2007**, 5, 143.
103- Parry, P. R.; Wang, C.; Batsanov, A. S.; Bryce, M. R.; Tarbit, B. *J. Org. Chem.* **2002**, *67*, 7541.
104- Kudo, N.; Perseghini, M.; Fu, G. C. *Angew. Chem. Int. Ed.* **2006**, *45*, 1282.
105- Gabriele, B.; Salerno, G.; Faziob A.; Pittellib, R. *Tetrahedron* **2003**, *59*, 6251.

106-   Sapsford, K. E.; Berti, L.; Medintz, I. L. *Angew. Chem. Int. Ed.* **2006**, *45*, 4562.

107-   Pawlicki, M.; Collins, H. A.; Denning, R. G.; Anderson, H. L. *Angew. Chem. Int. Ed.* **2009**, *48*, 3244.

108-   Kalinowski, J. *Opt. Mat.* **2008**, *30*, 792.

109-   (a) Ooyama, Y.; Harima, Y. *Eur. J. Org. Chem.* **2009**, 2903. (b) Mishra, A.; Fischer, M. K. R.; Bäuerle, P. *Angew. Chem. Int. Ed.* **2009**, *48*, 2474.

110-   (a) Erten-Ela, S.; Yilmaz, M. D.; Icli, B.; Dede, Y.; Icli, S.; Akkaya, E. U. *Org. Lett.* **2008**, *10*, 3299. (b) Rousseau, T.; Cravino, A.; Bura, T.; Ulrich, G.; Ziessel, R.; Roncali, J. *Chem. Commun.* **2009**, 1673.

111-   Ulrich, G.; Ziessel, R.; Harriman, A. *Angew. Chem. Int. Ed.* **2008**, *47*, 1184.

112-   Brannon, J.H.; Madge, D. *J. Phys. Chem.* **1978**, *82*, 705

113-   Magde, D.; Rojas, G. E.; Seybold, P.; *Photochem. Photobiol.* **1999**, *70*, 737.

114-   Gros, P.C.; Elaachbouni, F. *Chem. Commun.* **2008**, 4813.

Oui, je veux morebooks!

I want morebooks!

Buy your books fast and straightforward online - at one of the world's fastest growing online book stores! Environmentally sound due to Print-on-Demand technologies.

Buy your books online at

www.get-morebooks.com

Achetez vos livres en ligne, vite et bien, sur l'une des librairies en ligne les plus performantes au monde!
En protégeant nos ressources et notre environnement grâce à l'impression à la demande.

La librairie en ligne pour acheter plus vite

www.morebooks.fr

OmniScriptum Marketing DEU GmbH
Heinrich-Böcking-Str. 6-8
D - 66121 Saarbrücken   Telefax: +49 681 93 81 567-9

info@omniscriptum.de
www.omniscriptum.de

Printed by Books on Demand GmbH, Norderstedt / Germany